Führen mit bleibendem Eindruck

Horst Lempart

Führen mit bleibendem Eindruck

Impact-Techniken für Führungskräfte

1. Auflage

Haufe Group
Freiburg · München · Stuttgart

Bibliografische Information der Deutschen Nationalbibliothek

Die Deutsche Nationalbibliothek verzeichnet diese Publikation in der Deutschen Nationalbibliografie; detaillierte bibliografische Daten sind im Internet über http://dnb.dnb.de abrufbar.

Print:	ISBN 978-3-648-13284-5	Bestell-Nr. 10363-0001
ePub:	ISBN 978-3-648-13285-2	Bestell-Nr. 10363-0100
ePDF:	ISBN 978-3-648-13286-9	Bestell-Nr. 10363-0150

Horst Lempart
Führen mit bleibendem Eindruck
1. Auflage, Juli 2019

www.haufe.de
info@haufe.de

Bildnachweis (Cover): shutterstock.com

Produktmanagement: Christiane Haas
Lektorat: Monika Spinner-Schuch, Bad Aibling

Inhaltsverzeichnis

Bevor es losgeht

Sport gibt dir das Gefühl, besser auszusehen.
*Sekt übrigens auch!**
(Verfasser unbekannt)

Sie wollen »gut« führen: unterstützend, lösungs- und ressourcenorientiert, im Sinne der Zielerreichung Ihrer Mitarbeiter und des Unternehmens. Was wirklich »gute Führung« ausmacht, darüber ließe sich ein eigenes Buch schreiben – und womöglich käme man am Ende doch auf keine allgemeingültige Antwort, auch wenn diverse Publikationen den Eindruck erwecken, »gute Führung« ließe sich in ein Schema pressen.

Sicher ist aber, dass sich die Anforderungen an Führungskräfte in den letzten Jahren massiv geändert haben. Organisieren und Überwachen, Kontrollieren und Strukturieren, Anleiten und Problemlösen ist weitgehend Schnee von gestern. In vielen Fällen wird die moderne Führungskraft als »Leader« verstanden, der Orientierung gibt, Rahmen setzt, Möglichkeiten schafft und durch eine hohe Sozialkompetenz die Individualität seiner Mitarbeiter fördert.

Dazu gehört eine gehörige Portion Selbstführungskompetenz, allem voran die Fähigkeit, sich selbst zu reflektieren. Das war jahrzehntelang in Führungsetagen eher verpönt: Das Problem, das sind die anderen! Fortbildungen und Selbsterfahrung waren eher was für das ausführende »Fußvolk«, Chefs wussten ja, dass sie gut sind.

Sie haben sich für ein Buch entschieden, das Ihr Methodenrepertoire erfolgreicher Führung erweitern wird. Sie glauben, dass es da noch Möglichkeiten gibt, »zielführender zu führen«. Und ich sage Ihnen: Stimmt, da haben Sie recht!

Allein die Tatsache, dass Sie jetzt dieses Buch in den Händen halten, entfaltet schon die Kraft einer Impact-Technik. Sie verfügen nämlich in diesem Moment über verbrieftes Wissen. Herzlichen Glückwunsch! Aber die Wirkung von Wissen entfaltet

* Warum das Gefühl für die Arbeit mit Impacts so wichtig ist, verrate ich Ihnen in diesem Buch.

sich erst durch das TUN. Wer viele Bücher im Schrank stehen hat, ist nicht unbedingt weise. Die größte Weisheit resultiert aus Erfahrung.

Wenn Sie also in wenigen Sekunden in die spannende Welt der Impact-Arbeit eintauchen, lege ich Ihnen sehr ans Herz, aus dem »Lesebuch« ein Arbeitsbuch zu machen. Kommen Sie vom Verstehen ins Tun.

»Führen mit bleibendem Eindruck« hinterlässt nicht nur Spuren bei Ihren Mitarbeiterinnen und Mitarbeitern. Bleibend wird auch der Eindruck bei Ihnen sein, wenn Sie die große Wirkungskraft der vorgestellten (und von Ihnen weiterentwickelten!) Impacts erleben. Die Zeit ist reif, das Staunen wiederzuentdecken.

1 Führung ist Eindruck, ob Sie wollen oder nicht

Montagmorgen. Sie werden von Ihrem Chef zu einem Mitarbeitergespräch in sein Büro gebeten. Sonst kommt das nur zum Jahresgespräch vor, in dem Sie das Eingemachte der letzten zwölf Monate aufs Brot geschmiert bekommen. Eine schwer verdaubare Stulle, die als »Mitarbeiterbeurteilungskost« ihr kümmerliches Dasein in der Personalakte fristet. Diesmal ist das anders. Der Termin passt so gar nicht in den vertrauten Rhythmus und auch der Aufhänger ist ein anderer: Es soll um Ihre Sehschärfe gehen.

Bisher fanden die arbeitsmedizinischen Vorsorgeuntersuchungen in der Kantine statt. Keine schlechte Entwicklung, wenn es nun Chefsache ist, sich um die Gesunderhaltung der Mitarbeiter zu kümmern. Etwas verunsichert, aber auch mit einer ordentlichen Portion Neugier erscheinen Sie zum Termin im Chefbüro.

Der Raum ist Ihnen bekannt, auch wenn von Vertrautheit keine Rede sein kann. Die wenigen Gespräche, die es bisher hier gab, waren meist von Zahlen-Daten-Fakten und Zeitknappheit geprägt. An die letzte Unterhaltung mit Ihrem Vorgesetzten können Sie sich nur noch dunkel erinnern. »Unbeteiligt« waren Sie beide, zwar gegenwärtig, aber irgendwie der Situation »entrückt«, weil es gefühlt ein »Zeit-Stehlen« war. Leider war das schon alles. Lediglich ein Gefühl der »Leere« ist in Erinnerung geblieben.

Heute begrüßt Sie Ihr Chef mit den Worten: »Danke, dass Sie sich die Zeit genommen haben für diesen wichtigen Vorsorgetermin«. Und tatsächlich, an der Wand hängt ein vorbereitetes Plakat mit Zahlen- und Buchstabenreihen, wie es bei Augenärzten und Optikern zum Einsatz kommt. Sie fragen sich, was es wohl mit dieser Prüfung auf sich hat, und merken, wie Ihr Aufmerksamkeitspegel steigt.

Der Vorgesetzte bittet Sie, Platz zu nehmen, und erklärt Ihnen den anstehenden Sehschärfe-Test: Sie sollen Reihe für Reihe aus etwa drei Meter Entfernung die Buchstaben und Zahlen richtig nennen. Dafür dürfen Sie sich ruhig etwas Zeit nehmen, da die Anspannung bei solchen Tests erfahrungsgemäß etwas größer ist. Je nach Ergebnis können dann augenoptische oder personelle Maßnahmen notwendig werden, um die anstehenden Aufgaben »im Auge zu haben« und gut zu erfüllen. Sie merken, wie Ihre innere Anspannung weiter steigt, denn offenbar scheint es hier um Etwas zu gehen. Nur um was?

Sie stellen sich also wie angeleitet an eine vorbereitete Bodenmarkierung. Ihr Chef begleitet Sie an diesen Platz und Sie beide stehen Schulter an Schulter. Bevor Sie mit dem Ablesen der Zeichen starten, fragt Sie Ihr Vorgesetzter nochmal, ob Sie alles verstanden haben und bereit sind für den Test. Sie bestätigen. Dann geschieht noch etwas Überraschendes:

Ihr Vorgesetzter nimmt seine eigene Brille ab, drückt sie Ihnen in die Hand und bittet Sie, diese auf Ihre Nase zu setzen. Für Sie wird die Situation immer undurchschaubarer: Worauf soll das hinauslaufen? Seiner wiederholten Bitte, die fremde Brille aufzusetzen, kommen Sie nach – eine ungewohnte und unangenehme Erfahrung. Sehen so Fische unter Wasser?

Nun fordert er Sie auf, die erste Zeichenreihe laut vorzulesen. Sie fangen mit den ganz großen Buchstaben an, ein leichter Einstieg also. Sie bewegen den Kopf, um vielleicht den bestmöglichen Winkel ausfindig zu machen. Bei Gleitsichtbrillen ist das eine gute Strategie. Irgendwie will Ihnen die richtige Schärfe aber trotz aller Halsverrenkungen nicht gelingen. Gott sei Dank ist Ihr Chef heute gut gelaunt und schenkt Ihnen noch etwas Zeit. Aber auch nach einminütiger Kompatibilitätsprüfung kommen Sie zu keinen befriedigenden Ergebnissen.

Ihr Chef erinnert sich an eine seiner Fortbildungen zum Thema »Mitarbeitermotivation«: Sie werden es schon schaffen, trauen Sie es sich zu, Sie sind ein Macher!

Sie müssen lachen, weil die ermutigenden Worte an Ihrer unpassenden Brille nichts ändern. Und auch Ihre Augen scheinen von den Zusprüchen völlig unbeeindruckt. Die Zeichen bleiben diffus.

Aber zum Glück gibt es ja noch andere Strategien, um Leistung zu fordern. Dazu gehört die Variante »Antreiben«. Ihr Chef fordert Sie also auf, sich einfach etwas mehr anzustrengen. Mit dem richtigen Einsatz und einer ordentlichen Arbeitshaltung wird das schon werden mit der Buchstabenreihe. Schließlich hat er sich beim Ausdrucken des Plakats so viel Mühe gegeben, da kann das Scheitern nur an Ihrer mangelnden Bereitschaft liegen. Sie müssen wieder lachen. Ihr Chef bleibt todernst und verlangt von Ihnen ein weiteres Mal mehr Einsatz. Doch so sehr er Sie auch drängt, Ihre Augen verweigern einfach die passende Einstellung.

Bei Arbeitsverweigerung gibt es noch ein anderes erprobtes Mittel: Sanktionen. Ihr Chef droht Ihnen mit Entzug des Dienstwagens und der Bonuszahlung, wenn Sie nicht kooperativ sind und die von Ihnen geforderte Leistung bringen. Jetzt fährt er ganz rabiate Methoden auf. Sie müssen wieder lachen. Er wiederholt seine Drohung, Sie lachen weiter. Er betont, dass das gar nicht spaßig ist, und irgendwie fühlen Sie sich hin- und hergerissen zwischen Lachen und Disziplin. Test nicht bestanden, Sie sind gescheitert.

Ihr Chef bittet Sie, die Brille abzusetzen und ihm zurückzugeben und bietet Ihnen wieder einen Stuhl in seiner Besprechungsecke an. Erst mal gibt es keine Worte, nur Blicke – immerhin klare. Zu stark sind noch die Eindrücke der letzten Minuten. Dann löst Ihr Chef das Schweigen auf: Wie Sie die Situation erlebt haben, möchte er wissen. Und Sie erklären, dass Sie die Aufgabe völlig daneben und am Ziel vorbei fanden, da mit unpassenden Mitteln gearbeitet wurde. Eine fremde Brille sei nun mal kein geeignetes Instrument, um die Leistungsfähigkeit der eigenen Augen zu prüfen. Daran würde sich auch nichts ändern, wenn motiviert, gedroht oder sanktioniert würde. Im Gegenteil: Irgendwann denkt man dann nur noch: »Rutsch mir doch den Buckel runter.«

Ihr Chef lächelt Sie an, nickt zustimmend und bestätigt Sie in Ihren Feststellungen. Nun zieht er die Parallele zu Ihrem Arbeitsalltag:

Wenn Sie versuchen, Ihre eigene Sicht auf die Dinge den Mitarbeitern als »allgemeingültige Wahrheit« zu verkaufen, dann werden Sie mit Widerstand rechnen müssen. Das gilt auch, wenn Sie motivieren, drohen oder bestrafen. Das hat gar nichts mit dem Willen zu tun, der kann durchaus vorhanden sein. Woran es scheitert, ist die fehlende »Passung«. (Darauf gehe ich im Kapitel 1.1 »Warum es eben doch auf die Technik ankommt« näher ein.) Der Mitarbeiter kann nicht erkennen, was es für ihn zu entdecken oder zu erfahren gibt. Selbst wenn Sie die Zielscheibe austauschen, scheitert das Scharfstellen an der falschen Sehhilfe. In der Zusammenarbeit ist es wichtig, die Welt auch durch die Augen der

Kollegen zu sehen. Mit welcher Brille ist der Mitarbeiter unterwegs? Wie nimmt er die Dinge wahr? Und welche Wahrheit gibt er den Dingen, weil seine Brille die Wahrheit entsprechend filtert? Was sieht er durch seine Brille besonders scharf, was diffus? Die unsichtbare Brille, die wir als Denkfilter hinter unseren Augen im Kopf tragen, hat erheblichen Einfluss auf unser Zutrauen. Daher ist es wichtig, diese Brille kennenzulernen, um zu verstehen, wie die Welt von anderen erlebt wird. Manchmal wird eine vermeintliche Sehschwäche dann sogar zu einer Sehstärke. – Wo sehen Sie Parallelen zu Ihrem Arbeitsalltag?

»Viele Menschen hinterlassen Spuren in deinem Leben, nur wenige hinterlassen Eindrücke.«

Mit dieser einführenden Impact-Technik möchte ich Sie in meinem Buch willkommen heißen. Die Metapher der Brille ist dafür ein guter Aufhänger. Brillen schärfen unseren Blick, bieten einen Rahmen und betonen nicht zuletzt die Persönlichkeit des Brillenträgers. Diese drei Eigenschaften (meine drei goldenen Regeln) sind mir bei der Arbeit mit Impact-Techniken besonders wichtig:
1. **Fokussierung** auf eine zentrale Botschaft
2. **Rahmen** durch einen Spannungsbogen innerhalb einer Geschichte
3. Technik, die zur **Persönlichkeit** des Brillenträgers passt

Können Sie sich noch an Ihren ersten Vorgesetzten erinnern? Was ist Ihnen in besonderer Erinnerung geblieben? Was hat Sie damals beeindruckt, im Guten wie im Schlechten? Wie ging es auf Ihrem Berufsweg weiter? Bekommen Sie alle Ihre Vorgesetzten noch zusammen, wenn es mehrere Wechsel gab? Wie würden Sie deren Persönlichkeiten beschreiben?

Führung ist ein zentraler Begriff in meinem Buch. Es geht nicht nur um die Führungskraft in Fleisch und Blut. Führung ist immer mehrdimensional:
- Führungspersönlichkeit
- Führungstechniken
- Führungsbeziehungen
- Führungsumwelt

Die Rolle der Führungskraft macht gerade einen massiven Wandel durch. Das hat Auswirkungen auf die Persönlichkeit. Und die Persönlichkeitsentwicklung hat wiederum Auswirkungen auf das Rollenprofil. Die Führungspersönlichkeit in der Arbeitswelt 4.0 ist nicht mehr eine gesetzte Institution, die von oben nach unten führt und mit verbriefter Machtausstattung die Mitarbeiter lenkt. Selbstführungskompetenz ergänzt in erheblichem Umfang die Führungskompetenz. Führung kommt aus der Mitte der Belegschaft, abhängig von Kompetenz und Aufgabenstellung. Führung auf Dauer wird zur Führung auf Zeit. Durch »Führung on demand« kommen viel mehr Menschen in die Rolle der zeitweisen Führung. Daher spreche ich mit meinem Buch einen viel größeren Personenkreis an, als es der Begriff der »Führungskraft« hergibt. Jeder, der seine kommunikativen Fähigkeiten durch analoge Techniken stärken möchte, zählt zu meiner Zielgruppe. Dadurch erwächst die Kraft der Führung. Ob und wann diese abgerufen wird, steht auf einem anderen Blatt. Aber die Wahrscheinlichkeit, dass Sie, lieber Leser, in Ihrem Berufsleben auch Führungsaufgaben wahrnehmen werden, ist in den letzten Jahren erheblich gestiegen. Impacts können mit ihrer großartigen Wirkung dazu beitragen, dass Sie Freude daran finden.

Führungskräfte stehen unter besonderer Beobachtung ihrer Mitarbeiter, ob ihnen das passt oder nicht. Sie zählen zu den wenigen Menschen, die kraft ihrer Führungsrolle Eindruck hinterlassen. Daran wird sich auch zukünftig nichts ändern, wenn innerhalb agiler Gruppen Führungsaufgaben je nach Kompetenzen immer wieder wechseln. Hierarchische Strukturen neigen dazu, Macht an Führungspositionen zu koppeln und sie damit zu institutionalisieren. Das ist eine Form von Silo-Denken. Leider gibt es davon heute noch eine ganze Menge. Selbst wenn Sie zu der Überzeugung kommen: »Diese Person hat bei mir so gar keinen Eindruck hinterlassen, weil ...«, scheinen Sie ein Bild (oder einen Film) davon im Kopf zu haben, wie die Person war. Also doch ein Eindruck, vielleicht ein schlechter.

Mitarbeiter wünschen sich nicht nur Stimulation und Herausforderung, sondern auch Orientierung, Stabilität, Sicherheit: drei Eigenschaften, die nach wie vor auf die »Kraft der Führung« projiziert werden. Gerade in unsicheren Zeiten scheint Kontinuität ein geeignetes Gegengewicht zum Risiko zu sein. Auch in der »VUKA-Welt« (das Akronym steht für Volatilität, Unsicherheit, Komplexität und Ambiguität) werden diese Bedürfnisse nicht einfach durch Change-Projekte aus den Köpfen und Herzen der Menschen vertrieben. Führungspersönlichkeiten werden daran gemessen, wie gut sie diese Bedürfnisse erfüllen. Dabei sind Risikobereitschaft und Sicherheit nur ein scheinbarer Widerspruch. Die »neue Sicherheit« liegt in der Gewissheit, dass alles fließt und Veränderung keine Ausnahme, sondern der Normalzustand ist. Führungskräfte können »versichern«, dass Experimente, Fehler und Risikobereitschaft gewünscht sind. Sie können »versichern«, dass es kein Mitsprachrecht, sondern eine Mitsprachepflicht gibt. Das sind die neuen Sicherheiten, die Mitarbeiter zukünftig einfordern werden. Die Forschung spricht von »Psychological Safety«. Es ist das Gefühl von Sicherheit, das für Verhaltensexperimente nötig ist, um die Komfortzone zu verlassen. Noch einmal: Als Führungskraft hinterlassen Sie Eindruck, ob Sie wollen oder nicht. Das Gute daran: Sie sind der Macht der Eindrücke nicht ausgeliefert. Führen Sie kraftvoll durch beeindruckende Impacts!

Vielleicht haben Sie schon die eine oder andere Veröffentlichung über Impact-Techniken gelesen. Es gibt inzwischen gute, einführende Literatur. Einige Titel nenne ich Ihnen im Literaturverzeichnis. Auf eine ausführliche Erklärung der Methodik werde ich daher verzichten. Mit meinem Buch möchte ich Ihnen stattdessen eingängige und einfache Impact-Techniken vorstellen, die Sie schnell im Arbeitsalltag einsetzen können. Ich schätze es sehr, dass ich auf eine erprobte Sammlung an Impacts zurückgreifen kann, die spontan einsetzbar sind. Viele der Techniken können in verschiedenen Kontexten und mit variablen Botschaften verwendet werden. Vielleicht bekommen Sie Lust, eigene Impacts zu entwickeln, die maßgeschneidert zu Ihnen, dem Adressaten und der Botschaft passen. Nehmen Sie daher meine Angebote als Impuls für Ihre eigene Kreativität.

Nun aber **die drei goldenen Regeln**:

1. Fokussierung auf eine zentrale Botschaft
Die zentrale Frage ist hier: Welche Botschaft möchte ich beim Empfänger verankern? Auch wenn die Arbeit mit Impacts Spaß macht: Sie ist kein Selbstzweck. Unterhalten Sie Ihre Mitarbeiter nicht durch großartige Inszenierungen. Impact-Techniken sollen eine konkrete Botschaft multisensorisch unterstützen und sie so besser verankern. Zentraler Aspekt ist und bleibt dabei die Botschaft, nicht die Technik. Mir ist es daher wichtig, dass es einen schlüssigen Zusammenhang zwischen dem Thema, der Botschaft und der Technik gibt. Dabei kann das Thema auch ein »Problem« sein, muss es aber nicht. Impacts können durchaus Impulse setzen, um kreative Prozesse anzustoßen. Reduzieren Sie daher den Einsatz von Impact-Techniken bitte nicht auf »Problemgespräche« mit Mitarbeitern. Sie können in nahezu allen Arten von Gesprächen eingesetzt werden. Ich verwende sie auch bei Vorträgen vor großem Publikum. Und auch hier stellt sich die Frage: Welche Botschaft möchte ich beim Adressaten platzieren? Der Transfer von Technik zu Thema und Botschaft muss leicht herzustellen

sein. Wenn Sie im Anschluss wortreich erklären müssen, wie Ihr Impact zu verstehen ist, dann geht ein wesentlicher Teil seiner unmittelbaren Aha-Wirkung verloren. Folgen Sie bei der Fokussierung auf die zentrale Botschaft dem Prinzip der Reduktion: Weniger ist mehr. Wie bereits erwähnt können manche Impacts durchaus für verschiedene Botschaften verwendet werden, je nach Thema und Kontext. Es ist daher Ihre Aufgabe, pointiert den Bezug zwischen Ihrem Mitarbeiter, dem Thema und dem Impact herzustellen. Bleiben wir beim Einführungsbeispiel: Das Auf- und Absetzen einer fremden Brille kann auch dafür verwendet werden, um die Themen »Wahrnehmung« und »Referenzrahmen« metaphorisch zu unterstützen. Das wäre jedoch ein ganz anderer Schwerpunkt. Die zentrale Botschaft lautete hier: Mitarbeiterorientierte Kommunikation. Natürlich kann das weiterführende Gespräch zusätzliche Aspekte aufgreifen, die in engem Zusammenhang stehen. Geben Sie jedoch eine klare Aussage vor, damit allen Beteiligten nachher klar ist, worum es im Kern ging. Die Gefahr besteht sonst, dass Sie sich in Nebenschauplätzen verzetteln und am Ende niemand mehr genau weiß, was Sie überhaupt mitteilen wollten. Mir hilft es, wenn ich mir dazu einen Titel einfallen lasse. Diese Headline gebe ich am Ende dann als »Claim« mit auf den Weg – ein Arbeitstitel für den Impact.

2. Rahmen durch eine Geschichte
Die zentrale Frage lautet: Wird Ihr Inhalt durch einen Spannungsbogen zu einer Geschichte? Impact-Techniken brauchen einen dramaturgischen roten Faden, sonst haben sie den Reiz einer Gebrauchsanleitung. Gute Geschichten beinhalten eine Transformation: Ist-Zustand, Verwandlung, Soll-Zustand. Wenn Sie sich mit dem Aufbau von fesselnden Geschichten intensiver beschäftigen möchten, werfen Sie einen Blick auf das Stichwort »Heldenreise«. Im Internet und im Buchhandel finden Sie viele Informationen über dieses Format und die Stationen einer gut aufgebauten Story. Ganz auf das gesprochene Wort können Sie also in nur sehr seltenen Fällen bei Impacts verzichten. Es sei denn, die Inszenierung ist so klar und aussagekräftig, dass sie die Botschaft unmissverständlich und »ohne Worte« auf den Punkt bringt. Dann mag die Frage reichen: »Welche Botschaft nehmen Sie aus dieser Demonstration für sich mit?«

Meine Rahmung um die zentrale Botschaft halte ich bewusst kurz und knapp. Lange Einführungen und episch breite Interpretationen hinterlassen sonst leicht die Frage: Was will er mir eigentlich damit sagen? Vielleicht kennen Sie diese Fragezeichen auf der Stirn aus eigener Erfahrung. Denken Sie daran, dass Sie den Spannungsbogen einer Geschichte nicht nur durch den Text aufbauen. Neben dem »Was« kommt es auch auf das »Wie« an: Wie arbeiten Sie mit dem Sprachtempo, der Lautstärke, den Pausen, den Betonungen? Durch Ihre paraverbalen (also das »Wie«) und die nonverbalen Botschaften können Sie den Spannungsbogen Ihrer Impacts wesentlich unterstützen. Wenn Sie gerade dabei sind, erste Erfahrungen mit der Impact-Arbeit zu sammeln, empfehle ich Ihnen Trockenübungen (vor dem Spiegel oder Ihrer Mobiltelefon-Cam). Oder probieren Sie sich vor einer Testperson aus. Fragen Sie unbedingt nach Feedback. Nochmal meine Erfahrung: Keep it simple. Die besten Geschichten sind die einfachen. Das wussten auch schon die Gebrüder Grimm.

3. Eine Technik, die zur Persönlichkeit des Brillenträgers passt
Die zentrale Frage: Sind Impact-Technik und Empfänger ankopplungsfähig? Ich bediene mich hier eines bekannten Spruchs: »Der Köder soll dem Fisch schmecken und nicht dem Angler.« Impacts üben eine große Faszination aus, auch auf den Anwender. Da besteht die Gefahr, dass man sich zum »Tooligan« entwickelt und seine Lieblingsimpacts gern und oft unterbringt. Und sicher, je selbstverständlicher Ihnen eine Impact-Technik von der Hand geht, umso mehr Einsatzmöglichkeiten werden Ihnen auffallen – ganz nach Watzlawicks Motto: »Wer nur einen Hammer hat, hält jedes Problem für einen Nagel.«

Prüfen Sie daher, ob die Geschichte und die eingesetzten Hilfsmittel in die »Welt« des Empfängers passen. Arbeiten Sie in seinem Referenzrahmen? Wenn Sie selbst ein großer Fußballfan sind, Ihr Mitarbeiter aber mit Fußball so überhaupt nichts anfangen kann, mag ein Impact »auf dem Spielfeld« womöglich schlecht ankopplungsfähig sein. Bälle hingegen haben schon wieder eine größere Zielgruppe, weil Bälle (in den unterschiedlichsten Formen und Größen) auch ganz andere Assoziationen zulassen. Machen Sie es also dem Adressaten leicht, sich in Ihrem Kommunikationsangebot schnell zurechtzufinden und sich gerne zu bedienen. Möglicherweise bedeutet das am Anfang für Sie etwas mehr Vorbereitung, weil Sie das Gespräch »vom Mitarbeiter her« denken. Genau das ist die Aufgabe der neuen Führung 4.0: das Unternehmen vom Kunden und vom Mitarbeiter her denken. Die Mühe lohnt sich. Impact-Techniken passen wunderbar in das Kompetenzportfolio der zukünftigen Führungskraft. Gerade in Zeiten des rasanten technischen Fortschritts und der weitreichenden Digitalisierung wird »menschliche Führung« nicht an Bedeutung verlieren, sondern hinzugewinnen. Unterm Strich behalten Sie dabei nicht nur die Persönlichkeit des Mitarbeiters besser im Auge. Sie finden auch heraus, was Ihnen besonders liegt und welche Impacts Sie besonders überzeugend vermitteln.

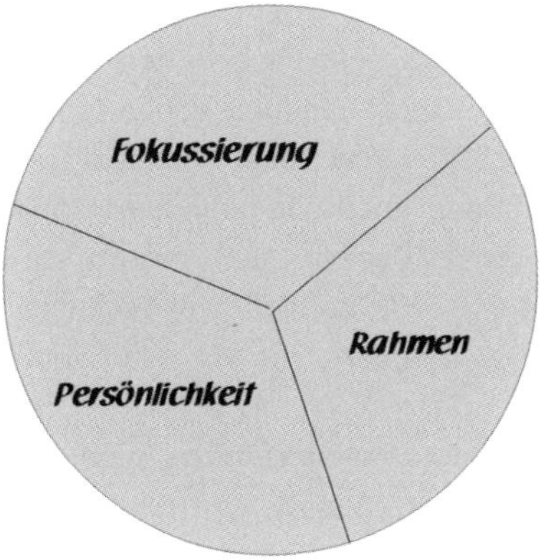

Bei der Sammlung meiner Techniken liegt ein besonderer Fokus auf den neuen Aufgaben der Führung 4.0: Wertevermittlung, Perspektivenwechsel, heterogene (interkulturelle) Teams, Agilität usw. Das Schöne an Impacts ist, dass viele (ich glaube sogar die meisten) durch Variantenreichtum auch für andere Aussagen nutzbar gemacht werden können. Trauen Sie sich!

Ich verwende in meinem Buch mal die weibliche, mal die männliche Form. Alle dargestellten Impacts sind sowohl für Männer als auch für Frauen geeignet. Die Namen sind alle frei erfunden.

1.1 Warum es eben doch auf Technik ankommt

Eine Managerin kommt zur mir ins Businesscoaching. Sie möchte an ihrer Ausstrahlung arbeiten. Sie glaubt, noch ein gutes Stück »Wirk-Potenzial« erschließen zu können. Vor allen Dingen möchte sie überzeugender auftreten. Diverse Technik-Schulungen (Gesprächsführungstechnik, Verhandlungstechnik, Feedbacktechnik etc.) hätten bisher nicht den erwünschten Erfolg gebracht. Sie ist inzwischen überzeugt, dass »technische Lösungen« für ihr »Problem« nicht infrage kommen. Der Schlüssel liege wohl in ihrer Haltung und ihrem Selbstbewusstsein.

Ich bitte die Dame aufzustehen und sich entspannt hinzustellen. Sie soll auf ihren Atem achten. Ganz bewusst atmet sie tief ein und aus. Dann fordere ich sie auf, schneller und kürzer zu atmen und einen »hektischen« Atemrhythmus zu entwickeln. In diesem Rhythmus soll sie nun ein bisschen über sich und ihre Aufgaben im Unternehmen erzählen. – Sie lacht. Sie fühlt sich unruhig und angespannt. Kurzatmig. Nicht im Gleichgewicht. Nach ein paar Sätzen stockt ihr der Atem, sie unterbricht das Sprechen und findet wieder in ihren natürlichen Atemrhythmus zurück. Was das über ihr »technisches Denken« sagt, möchte ich von ihr wissen. Und wir starten ein Gespräch über die Wirksamkeit von Techniken aus einer vorteilhaften Haltung heraus.

Kein Mensch käme auf die Idee, unterschiedliche Atemtechniken als nettes Beiwerk abzuqualifizieren. Ob Schwimmer, Sänger, Vortragsredner, Schauspieler oder Yogis, alle profitieren von ihrer trainierten Atemtechnik. Die Technik scheint so wichtig wie die Luft zum Atmen. Die Erfahrung des Atmens machen wir alle vom ersten bis zum letzten Atemzug unseres Lebens. Ich glaube, viel zu selten machen wir uns die Wichtigkeit guten Atmens wirklich bewusst. Dabei kann Atemtechnik-Training einen wesentlichen Beitrag zu vielen Aufgaben leisten: Entspannungstraining, Sprechtraining, Sporttraining, Wahrnehmungstraining usw.

Ich bin der Überzeugung: Natürlich kommt es auf die Technik an. Sicher ist Technik nicht alles, aber doch ein guter Teil vom Erfolg. Techniken sind handlungsorientiert. Sie bringen uns ins Tun. Ob wir nun eine bestimmte Atemtechnik einsetzen, eine Fahrtechnik beherrschen oder sicher sind im Einsatz von Impact-Techniken. Die (Denk-)Haltung alleine trägt uns nicht. Sonst könnte ich einen Nichtschwimmer auch ins Wasser stoßen und ihm zurufen: Nimm Haltung an, die Schwimmtechnik ist nicht so wichtig.

Eine Technik, die das Arbeiten mit Impacts besonders fördert, ist das Storytelling. Thomas Pyczak schreibt in seinem lesenswerten Buch »Tell me! Wie Sie mit Storytelling überzeugen«: »Storytelling, wie ich es verstehe, braucht vieles zugleich: Urteilskraft – wann ist eine Geschichte überhaupt des Erzählens wert? Fokus – wie soll sich der Leser am Ende der Geschichte fühlen? Header – wie lautet die Geschichte als Schlagzeile? Echtheit – warum erzähle ich diese Geschichte jetzt? Spaß – wie sieht die empathische Achterbahnfahrt des Lesers aus, der mit dem Helden leidet und hofft? Nähe – wie nutze ich Geschichten, um Menschen von den Dingen zu überzeugen, die mir am Herzen liegen?«

Vielleicht haben Sie deutliche Übereinstimmungen zu meinen drei goldenen Regeln entdeckt. Storytelling und Impacts bauen beide maßgeblich auf die emotionale Beteiligung des Zuhörers. Beide wollen nicht nur informieren, sondern berühren. So gefühllos der Begriff »Impact-Techniken« klingt: Die Intention von Impacts ist ein Wow-Effekt, der durch bildhafte Botschaften ausgelöst wird. Auf diesen Reiz stößt unser Gehirn das Glückshormon Dopamin aus. Dopamin sorgt für ein Gefühl des Wohlbefindens und aktiviert gleichzeitig die Aktivität der Synapsen. Je mehr davon aktiv sind, desto leichter fällt uns das Lernen. Impact-Techniken sind analoge Techniken, die den digitalen Teil der Kommunikation (das gesprochene Wort) zielführend ergänzen. Dazu zählen Gestik, Mimik, Körpersprache, Tempo, Betonung – und eben adäquate Inszenierungen.

Das Erzählen der Impact-Stories wird stark geprägt durch den Hypno-Talk, dessen Wurzeln auf Milton Erickson zurückgehen. Erickson prägte die moderne Form der Hypnose und Hypnotherapie. Unter dem Begriff »Milton-Modell« der Sprache werden Sprachmuster zusammengefasst, die den Zuhörer in eine Art leichte Trance versetzen. Durch bewusst vage Äußerungen und suggestive inhaltliche Angebote werden dem Zuhörer neue Erfahrungsräume und Interpretationsmöglichkeiten eröffnet. Wer sich intensiver mit hypnotischen Sprachmustern beschäftigen möchte, dem sei die Arbeitshilfe »Milton!« von Martina Schmidt-Tanger empfohlen.

Ganz wichtig beim Arbeiten mit dieser Technik ist die »Passung« zwischen Anwender (Vorgesetztem), Klienten (Mitarbeiter) und Thema. Sie als Führungskraft müssen das Gefühl haben, dass der Impact zu Ihnen passt und Sie sich sicher im Umgang damit fühlen. Sie müssen »hinter ihm stehen« und ihn mit großer Klarheit und Überzeugung präsentieren können. Und der Impact muss zum Mitarbeiter passen, in seinen Referenzrahmen, in seine Welt. Je leichter es ihm fällt, den Bezug zu seinem persönlichen Thema herzustellen, umso intensiver und nachhaltiger kann der Impact wirken. Ja, und natürlich das Thema: Der Impact muss eine treffende Aussage zum übergeordneten Thema liefern. Manche Impacts sind wirklich klasse, gehen aber komplett an der Aufgabe oder der eigentlichen Botschaft vorbei. Am besten Sie testen!

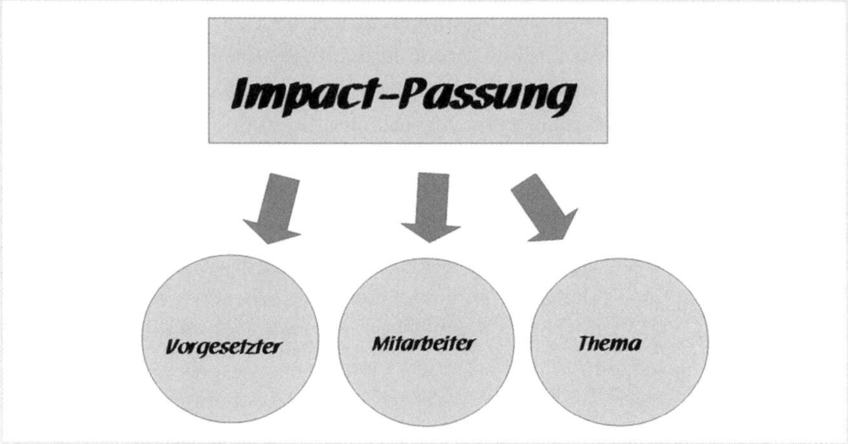

1.2 Impacts sind Potenzialförderer

Wissen ist flüchtig. Führung durch Wissen wird sukzessive ersetzt durch die Möglichkeiten, die uns die Digitalisierung schafft. Die künstliche Intelligenz ist für abrufbares, reproduzierbares Wissen besser geeignet als der Mensch. Wir leben in einer disruptiven Zeit, in der das Wissen von heute das Problem von morgen ist. Das zusammengetragene Wissen hat uns früher das Gefühl von Sicherheit und Beherrschbarkeit vermittelt. Wissen wurde mit Macht gleichgesetzt. Führungskräfte wussten oft ein bisschen mehr als andere, um ihren Machtanspruch zu sichern. Heute geraten Führungskräfte mehr und mehr in die Position des »Nichtwissenden« und übernehmen damit den Blickwinkel eines Coaches. Ihre neue Aufgabe ist es, Denkanstöße zu liefern. Durch permanente Feedbackschleifen ermöglichen sie einen stetigen Abgleich von Status quo und den Bedürfnissen der organisationalen Umwelt.

Die neue Rolle der Führungskraft ändert sich vom »Wissenden« zum »Liebenden«, um es mit einem Wort des Hirnforschers Gerald Hüther zu sagen. Anlässlich seines Vortrags beim Personalmanagementkongress 2018 in Berlin merkte Hüther an: »Er [der Chef] wird aus der Perspektive der Mitarbeiter schauen, was diese brauchen. Dann wird er ein Ermöglicher sein. Und ein Ermöglicher ist ein Liebender.«

Impacts können diese liebevolle Haltung unterstreichen, wenn sie das kreative Potenzial des Mitarbeiters stimulieren. Impact-Techniken sind Potenzialförderer, weil sie über die metaphorische Ebene ein tiefer liegendes Bewusstsein und Wissen an die Oberfläche fördern und damit Mitarbeiter zu Lösungsexperten machen. Die Botschaft wechselt von »Sie sind so« hin zu »So kann man es wahrnehmen«. Sie ermöglicht dadurch eine ganz andere Bereitschaft zur Perspektivenerweiterung.

Eine ähnliche Wirkung entfaltet die Arbeit mit Bildmotivkarten. Wenn Ihr Mitarbeiter sich ein Problembild, Lösungsbild, Zielbild, Ressourcenbild etc. aussucht, dann sprechen Sie mit ihm über das Bild und seine Bedeutung. Sie »externalisieren« sein Anliegen, bringen es auf eine äußere, handhabbare Ebene. Damit umgehen Sie Abwehrverhalten, das sonst womöglich zur Stabilisierung des Selbstbildes eingesetzt würde. Bilderleben und Impacts erlauben einerseits das Distanzieren vom Problem, andererseits das Wiedererkennen in der Aussage der (Bild-)Szene. Impact-Techniken erschließen ein Potenzial an Wahrnehmungsmöglichkeiten und öffnen Erfahrungsräume. Ihre Botschaft ist nicht, Verhalten in »richtig« oder »falsch« zu überführen. Die Impact-Technik ist keine Gesprächsführungstechnik, die Personal in »gute« und »weniger gute« Mitarbeiter einordnet. Gerade hieran scheitern ja standardisierte Mitarbeiter(beurteilungs-)gespräche, weil sie gar nicht oder viel zu wenig das Potenzial des Menschen im Auge haben, sondern auf »brauchbar« und »unbrauchbar« reduzieren. Das implizite Wissen in Organisationen ist hoch. Und es steigt, wenn Mitarbeiter durch Unzufriedenheit oder Wettbewerbsdenken ihr Wissen zurückhalten. Austausch zu fördern und Wissen für die Organisation nutzbar zu machen ist Aufgabe von Führung. Disruptives Denken in agilen Arbeitseinheiten wird Voraussetzung, um am Markt erfolgreich zu sein. Scrum und Kanban sind Beispiele dafür, wie arbeitstechnisch auf die neuen Anforderungen der Arbeitswelt 4.0 reagiert werden kann. Das agile Projektmanagement fördert das Potenzial jedes einzelnen Mitarbeiters durch intensiven, aber zeitlich begrenzten Austausch. Impacts machen das ähnlich: Fokussiert und kurz inszeniert koppeln sie an das (intuitive) Mitarbeiterwissen an. Experten-Know-how verliert an Bedeutung, weil Machterhalt in hierarchiefreien Arbeitsgruppen keine Bedeutung mehr hat. Geteiltes Wissen potenziert die Fähigkeiten der Organisation.

Bei der Auswahl meiner Impact-Techniken habe ich, wie bereits erwähnt, einen besonderen Schwerpunkt auf die Herausforderungen der Arbeitswelt 4.0 gelegt:

Umgang mit Unsicherheiten, Fehlerfreundlichkeit, Perspektivenwechsel, Komplexität und Widersprüche gehören zu diesen Themenschwerpunkten.

Es gibt ein großes Potenzial für Impacts, das in der deutschen Sprache begründet liegt. Deutsch ist reich an Metaphern und Analogien. In meinen Workshops nutzen wir diese Sprachbilder intensiv, um neue Impacts zu entwickeln. »Der hat die rosarote Brille auf«, »Wir fischen die ganze Zeit im Trüben«, »Den Nagel auf den Kopf treffen« oder »Löchrig wie ein Käse« sind wunderbare Vorlagen, um daraus Impacts zu entwickeln.

Sie fördern mit Impact-Techniken nicht nur Mitarbeiterpotenzial. Wenn Sie die Möglichkeiten der Impacts effektiv nutzen, werden Sie mit Sicherheit auch Aha-Erfahrungen in Ihren Mitarbeitern auslösen. Technik ist immer ein gutes Stück Handwerk. Und Sie kennen ja den Meister, der noch nie vom Himmel gefallen ist. Öffnen Sie sich die Tür zu einer beeindruckenden Kommunikation.

Abschließend noch eine Anmerkung zur Führung 4.0: Menschenführung setzt immer mehr Selbstführungskompetenz voraus. Führungskompetenz fängt mit Selbstführung an. Wer Schwierigkeiten hat, sich selbst achtsam und kreativ zu führen, ist gut beraten, mit der Führungskraftentwicklung bei sich selbst zu beginnen. Nach wie vor erlebe ich in vielen Betrieben eine Beurteilungskultur von oben nach unten. Das führt dazu, dass Führungskräfte oft in einer Dunstglocke der Selbstüberschätzung leben, weil sie keine ungefilterten Feedbacks erhalten. Ihnen fehlt der Spiegel der Selbsterfahrung. Beginnen Sie damit, konstruktive Kritik in alle Richtungen zu kultivieren und sie zum Pflichtprogramm zu erheben. Bedanken Sie sich für Rückmeldungen aus Ihrem Kollegenkreis. Wenn Ihnen jemand seine Wahrnehmung mitteilt, ist das ein Kommunikationsangebot. Und Kommunikation ist immer Beziehungsarbeit. Etwas Besseres kann Ihnen gar nicht passieren.

Sie können mein Buch als Selbstreflexionshilfe nutzen. Jede der vorgestellten Impact-Techniken wirft die Frage auf: Und wie ist das bei mir? Mit welchen Brillen laufe ich denn gewöhnlich herum? Wie viel Wasser ist bei mir im Glas? Wie lange kann ich diese Anspannung aushalten? Ich gebe Ihnen nach jedem Impact ein paar Anregungen zur Reflexion mit auf den Weg. So können Sie aus dem Angebot gleich doppelten Nutzen ziehen.

1.3 Wie Sie den größten Nutzen aus diesem Buch ziehen. Und was Sie nicht erwarten dürfen.

»Es gibt nichts Gutes, außer man tut es!«
(Erich Kästner)

Auf den Punkt gebracht:

Sobald Sie der Meinung sind, die Arbeitsweise der Impact-Technik verstanden zu haben, fangen Sie an, damit zu arbeiten. Testen Sie erste kleine Inszenierungen ohne Publikum in Ihrem Büro. Wechseln Sie dann vor den Spiegel, bevor Sie den Impact vor einer Person Ihres Vertrauens ausprobieren. Und dann: Trauen Sie sich vor Ihren Mitarbeiter. Sie ziehen den größten Nutzen aus diesem Buch, wenn Sie die Ideen in Handlung umsetzen. Ich sage das nicht der schönen Worte wegen. Für fast alle der von mir begleiteten Unternehmen gilt:

Es mangelt nicht am Wissen, es mangelt an der Umsetzung.

Der britische Psychologe Richard Wiseman propagiert in seinem Buch »Machen, nicht denken!« die Wichtigkeit des praktischen Tuns. Einfaches physisches Handeln bewirkt spürbare psychische Veränderungen. Nicht nur bei Ihren Mitarbeitern, sondern auch bei Ihnen als Führungskraft.

Noch ein Prinzip macht sich die Arbeit mit Impacts zunutze: das bildgebende Verfahren. Hier hat es allerdings nichts mit der Magnetresonanztomografie zu tun. Vielleicht sind in Ihrem Kopf beim Lesen meiner Eingangsgeschichte innere Bilder entstanden. Der Impact mit der Brille lädt förmlich dazu ein, dass wir Worte in Bilder übersetzen. So arbeitet unser Gehirn: Um Dinge zu verstehen, brauchen wir eine innere Repräsentation davon. Wenn wir von einem Baum sprechen, müssen wir uns erst das Bild eines Baumes abrufen, um ihn »innere Wirklichkeit« werden zu lassen. Wenn wir von »Glücksmomenten« sprechen, scannt unser Hirn nach Glückserfahrungen in der Vergangenheit: Welche Bilder, Gefühle, Gerüche … verbinden wir damit? An dieses Denken in Bildern knüpft die Impact-Technik an. Schalten Sie also beim Lesen meiner Impact-Auswahl ganz bewusst Ihr Kopfkino ein und spielen Sie die Situationen auf Ihrer inneren Leinwand durch. Sehen Sie sich in der Rolle des Vorgesetzten: Was sagen Sie? Welches Material verwenden Sie? Welche Deutungen halten Sie bereit? Wie animieren Sie den Mitarbeiter zur eigenen Bedeutungsgebung?

Bleiben Sie kritisch: Was zu Horst Lempart passt, muss noch lange kein passender Schuh für Sie sein. Erinnern Sie sich: Die dritte goldene Regel lautet: »Eine Technik, die zur **Persönlichkeit** des Brillenträgers passt.« Sie soll im Referenzrahmen des Mitarbeiters stattfinden, damit er den Transfer von der Metaphorik auf die konkrete Arbeitssituation leicht herstellen kann. Damit ein Impact beim Mitarbeiter seine beste Wirkung entfalten kann, muss nicht nur die konkrete Inszenierung, sondern die Arbeit mit Impact-Techniken im Allgemeinen zur Führungskraft passen. Wenn Sie nicht »warm« werden mit dieser Technik, dann werden Sie womöglich ganz auf deren Einsatz verzichten oder die Impacts halbherzig einsetzen. Die Wirkung hängt allerdings maßgeblich davon ab, wie selbstverständlich Sie mit der Technik arbeiten und wie überzeugt Sie selbst von deren Aussagekraft sind. Überprüfen Sie also bereits beim Lesen der Beispiele und auch beim Trainieren, wie passend diese Technik für Sie ist. Wenn ich Laufsport betreiben möchte, aber stattdessen lustlos meine Tennis-Rückhand trainiere, dann folgt das der alten Personalentwicklungsstrategie: Schwächen zur Mittelmäßigkeit weiterentwickeln und Stärken vernachlässigen. Finden Sie beim Lesen und Ausprobieren heraus, was Ihre Stärke ist. Vielleicht sind Sie der faszinierende Storyteller und verzichten auf Impact-Techniken. Auch gut! Die Impact-Technik ist keine komplizierte Technik und kann, was die Umsetzung angeht, leicht gelernt werden. Viel wichtiger ist die Passung. Dann werden Impacts zu einem tollen Bindeglied zwischen Chef, Mitarbeiter und Thema.

Verstehen Sie die vorgestellten Impacts als Anregung, selber kreativ zu werden. Natürlich können Sie die Ideen aufgreifen und im passenden Kontext einsetzen. Die Beispiele sind so konzipiert, dass Sie schnell mit der praktischen Arbeit loslegen können. Mein Buch ist in erster Linie ein Mutmacher-Buch, um noch ungenutzte Führungspotenziale zu erschließen. Es ist aber auch ein Nachschlagewerk, um in ganz speziellen Führungssituationen einen passenden Impact aus dem Einband zu zaubern. Das Buch ist kein Universalschlüssel für sämtliche versperrten Tore, die Ihnen auf Ihrem Führungsweg begegnen. Sehen Sie Impacts eher als Dietrich, der in vielen Fällen helfen kann, eine noch verschlossene Tür zu öffnen.

Die Teilnehmer in meinen Impact-Seminaren entwickeln nach kürzester Zeit einen »Impact-Drive«, der mich immer wieder begeistert. Wenn der Ideenmotor erst mal ans Laufen gekommen und die Wirkung evaluiert ist, dann gibt es fast kein Halten mehr. Die Wirkung von Impacts bestätigt sich nicht nur im Berufskontext. Grundsätzlich können Sie die Technik in allen Lebensbereichen einsetzen. Wenn Sie Spaß an dieser Arbeit gefunden haben, wird sich die Grenzerweiterung von ganz alleine einstellen.

Noch können viele Führungskräfte mit dem Begriff »Impact-Technik« wenig anfangen. Er ist eher im therapeutischen Setting vertraut und hält so langsam Einzug in den Wirtschaftskontext. Unterstützen Sie mich doch, das Wissen und den Einsatz von Impacts weiterzuverbreiten. Sprechen Sie darüber, geben Sie das Buch weiter, bieten Sie Impact-Workshops an. Sie selbst ziehen einen Nutzen daraus: die gegenseitige »Befruchtung«. Ich biete sowohl offene als auch firmeninterne Fortbildungen zur Arbeit mit Impacts an. Schauen Sie einfach mal auf meiner Webseite vorbei (www.horstlempart.de).

Damit Sie einen schnellen Überblick bekommen, zu welchen Themenbereichen ich die Impacts vor allem einsetze, habe ich für Sie eine Orientierung zusammengestellt. Allerdings ist diese Aufstellung nicht statisch. Mit etwas Kreativität können Sie die Impacts auch für andere Themen und in anderen Settings verwenden.

Impact	Seite	Thema	Einzel-setting	Gruppen-setting
2.1 Die großen Steine	38	Prioritäten setzen Zeitmanagement Wertemanagement	X	X
2.2 Zusammengefaltet	42	Risikobereitschaft Sicherheit/Unsicherheit Selbstwahrnehmung Kritikfähigkeit	X	
2.3 Nicht vorhersehbar	46	Risikobereitschaft Sicherheit/Unsicherheit agile Arbeitsweise	X	X
2.4 Ballast abwerfen	49	Grenzen ziehen Resilienz Prioritäten setzen	X	X
2.5 Das halb volle Wasserglas	53	Zusammenhänge erkennen Wahrnehmung Bewertung Perspektive wechseln	X	X

Impact	Seite	Thema	Einzel-setting	Gruppen-setting
2.6 Die kreative Kaffeetasse	56	Wahrnehmung Perspektive wechseln Gewohnheiten erkennen	X	X
2.7 Gehüpft wie gesprungen	59	Prozesse planen Fremdempathie Motivation	X	X
2.8 Die Tageszeitung von letzter Woche	62	Selbstwahrnehmung Autorität Macht	X	
2.9 Am ausgestreckten Arm	65	Wahrnehmung Bewertungen Change-Management	X	X
2.10 Keine Frage des Alters	69	Akzeptanz Integration Werteklarheit	X	
2.11 Mit einem Euro geht's los	72	Ressourcen erschließen Wertemanagement	X	
2.12 Abschluss mit Knalleffekt	75	Gewohnheiten loslassen Zukunft/Ziele planen	X	X
2.13 Ausgequetscht	78	Wirtschaftliches Denken Verantwortung	X	
2.14 Schwer zu planen	81	Sicherheit/Unsicherheit Flexibilität agiles Zielmanagement	X	X
2.15 Der springende Floh	84	(Vor-)Urteile Logik	X	
2.16 Das Kamel im Nadelöhr	88	Perspektivenwechsel Wahrnehmung Kreativität	X	
2.17 Die Todesliste des Bären	91	Eigenverantwortung Machen statt denken	X	

Impact	Seite	Thema	Einzel-setting	Gruppen-setting
2.18 Die Dose mit der Delle	94	Perfektionismus Akzeptanz Gelassenheit	X	
2.19 Die heiße Tasse Kaffee	98	Konfliktfähigkeit	X	
2.20 Zucker im Kaffee	101	Übereifer Grenzen setzen Verantwortung	X	
2.21 Maßnahme mit Maßband	104	Zeitmanagement Prozesse planen Motivation	X	
2.22 Zutaten sind noch kein Rezept	107	Prioritäten setzen Wertemanagement Aktionismus Prozesse planen	X	
2.23 Die Königin der Nacht	110	Glaubenssätze entmachten Selbstwert Wahrnehmung Bewertung	X	X
2.24 Unter Spannung	113	Resilienz Work-Life-Balance Zeitmanagement	X	X
2.25 Ausnahmen erkennen	116	Zeitmanagement Prioritätenmanagement Wertemanagement	X	
2.26 Die drei Siebe	120	Wertschätzung Respekt Mobbing	X	X
2.27 Auf der Stelle treten	123	Motivation Perspektivenwechsel Wahrnehmung Stagnation	X	x
2.28 Wenn der Schuh drückt	126	Ausdauer Veränderungsbereitschaft Durchhaltevermögen	X	X

Impact	Seite	Thema	Einzel-setting	Gruppen-setting
2.29 Immer die gleiche Kassette abspielen	131	Glaubenssätze hinderliche Gewohnheiten Veränderungsbereitschaft	X	X
2.30 Die Landkarte ist nicht die Landschaft	135	Wahrnehmung Bewertung Akzeptanz Perspektivenwechsel	X	X
2.31 Feuer und Flamme	139	Ressourcenmanagement unternehmerisches Denken	X	X
2.32 Sich die Finger verbrennen	142	Besonnenheit Abschied nehmen Grenzen ziehen Risikobereitschaft	X	
2.33 Das Problem in die Tasche stecken	145	hinderliche Gewohnheiten (Un-)Sicherheit Problembewusstsein	X	
2.34 Die Rose von Jericho	148	Vorurteile Offenheit Potenzialentfaltung	X	
2.35 Den Faden (wieder) aufnehmen	151	Komplexität Einfluss ausüben Schuld-Unschuld		X
2.36 Bauklötze staunen, bis sie umfallen	154	Grenzen erkennen Zielmanagement persönliches Wachstum	X	
2.37 Zarte Pflänzchen fördern	157	Differenzierung Fremdempathie zielgruppengerechtes Führen	X	
2.38 Die Spannung steigern	160	Ja, aber hinderliche Gewohnheiten Angst (Un-)Sicherheit	X	
2.39 Die Zehn-Euro-Lüge	164	Wertemanagement Gutgläubigkeit	X	X

Impact	Seite	Thema	Einzel-setting	Gruppen-setting
2.40 Wie aus dem Ei gepellt	167	Unabänderlichkeit Akzeptanz Change-Management	X	X
2.41 Harte Schale, weicher Kern	171	(Vor-)Urteile Bewertungen Verantwortung Diversität	X	
2.42 Die Kaffeebohne	174	Kontinuität Außenwirkung Rollenklarheit	X	
2.43 Gang einlegen	177	Machen statt denken Motivation Angst (Un-)Sicherheit	X	
2.44 Verfallsdatum erreicht	180	Akzeptanz Wertschätzung Aktionismus	X	
2.45 Alles Banane	183	Geduld Entscheidungsfähigkeit Aktionismus	X	
2.46 Schlabbern verboten	187	Ballast abwerfen Grenzen setzen Zielplanung Abschied nehmen	X	
2.47 Lottoglück	190	Eigenverantwortung Motivation Machen statt denken	X	
2.48 Der Hammer	193	Vom Problem zur Lösung Motivation Perspektivenwechsel	X	
2.49 Der Entscheidungs-würfel	196	Entscheidungsfähigkeit Angst (Un-)Sicherheit Motivation Werteklarheit	X	

Impact	Seite	Thema	Einzel-setting	Gruppen-setting
2.50 Jetzt kommt Farbe ins Spiel	199	Kreativität Vielfalt Perspektivenwechsel	X	

1.4 Aufbau der Impact-Techniken-Sammlung

Impact-Techniken folgen einem Spannungsbogen, den ich als zweite goldene Regel vorgestellt habe: »Rahmen durch eine Geschichte«. Um Ihnen die Orientierung im Buch und die Arbeit mit den Impacts zu erleichtern, habe ich mich außerdem für einen wiederkehrenden Aufbau der Techniken entschieden. Sie können die Struktur bei der Entwicklung eigener Impacts nutzen. Sie ist für mich der gedankliche rote Faden bei der Auswahl einer geeigneten Intervention. Innerhalb der Techniken-Sammlung können Sie anhand der Piktogramme leicht erkennen, welchen Aspekt der Technik ich gerade darstelle. Ich empfehle Ihnen, gerade als Einsteiger in dieses Thema, Ihre Impacts in einer Art »Vokabelheft« zu sammeln und sich eine eigene Ordnung anzulegen. Sie werden feststellen: Je leichter Ihnen der Zugriff auf Ihre Ideen fällt, umso selbstverständlicher greifen Sie in Ihren neuen Techniken-Koffer.

Arbeitstitel

Jede gute Story beginnt mit einem guten Titel. Ich habe es mir angewöhnt, zu jeder entwickelten Technik einen Arbeitstitel zu entwerfen, der neugierig und Lust auf mehr macht. Ein Titel ist für die Arbeit mit Impacts nicht grundsätzlich nötig. Sie können auch sehr erfolgreich damit arbeiten, wenn Sie keine Überschrift vergeben. Ich habe jedoch die Erfahrung gemacht, dass ich die multisensorische Wirkung von Impacts durch einen adäquaten Titel verbal noch unterstützen kann. Im besten Fall können Sie sogar diesen Titel sprachlich so verankern, dass Ihr Mitarbeiter zukünftig nur über ein Stichwort an die Erfahrung aus der Impact-Technik anknüpft. Probieren Sie es einfach aus, was für Sie passend ist: ein Begriff, eine Überschrift oder vielleicht nichts von beidem. Je nach Adressat spiele ich mit dem Titel, ohne den Inhalt zu ändern. Wenn bereits die Headline den Referenzrahmen des Mitarbeiters aufgreift und seine Vorstellungswelt berücksichtigt, ist der Einstieg für ihn barrierefrei. Außerdem fällt der Transfer anschließend leichter von der Abstraktionsebene in den Arbeitskontext. Verstehen Sie daher meine Titelangaben als Anregung für Ihre eigene Wortspielerei. Wenn Sie sich bei der Entwicklung Ihrer Impacts eng an Metaphern oder Analogien orientieren, werden Sie dort bereits eine Fülle an möglichen Titeln finden. Bleiben Sie außerdem empfänglich für Anmerkungen Ihres Mitarbeiters. Sehen Sie ihn als Experten für seine eigene Lösung. In seinen Anmerkungen zu Ihrer Inszenierung stecken oft bereits sehr nützliche Keywords, die emotional aufgeladen sind. Wenn Sie seine Sprache sprechen, entfällt das Suchen nach einer sprachlichen »Klammer«, die Sie beide zusammenbringt. »Sprache schafft Wirklichkeit« – eine Überzeugung des Konstruktivismus, wie ihn der bekannte Sprachwissenschaftler Paul Watzlawick vertreten hat. Verleihen Sie Ihren Impacts durch die passende Wortwahl noch mehr Leben.

Ziele & Einsatzmöglichkeiten

Mit einer einzigen Impact-Technik lassen sich oft verschiedene Botschaften verpacken. Es ist deshalb umso wichtiger, dass Sie sich klarmachen, was Sie Ihrem Mitarbeiter vermitteln möchten. Ich stelle Ihnen in den meisten Impacts verschiedene Ziele vor, die ich selber damit schon verfolgt habe. Nehmen Sie diese als Anregung, aus den Impacts weitere Botschaften zu ziehen und dadurch Ihr Repertoire zu erweitern. Für mich ganz wichtig: Ich beschränke mich jeweils auf nur ein pointiertes Ziel, das ich mit dem Impact verfolge. Schießen Sie nicht wie aus einer Schrotflinte auf einen Hasen in der Hoffnung, irgendein »Schuss« wird schon sitzen. Sie sind mit Ihren Impact-Techniken nicht auf der Jagd nach Erfolg; und schon gar nicht soll am Ende der Mitarbeiter das Gefühl haben, »erledigt« worden zu sein. Impacts sind Beziehungsangebote, sie beabsichtigen nicht, jemanden mundtot zu machen. Aber: Gestaunt werden darf schon.

Bei den Einsatzmöglichkeiten haben Sie oft die Wahl, Impacts im Einzel- oder im Teamsetting einzusetzen. Viele Techniken eignen sich hervorragend vor größerem Publikum. Sie sollten die Chance nutzen, ausdrucksstarke, multisensorische Botschaften auch im größeren Rahmen einzusetzen, zum Beispiel bei Teambesprechungen oder Präsentationen, die Sie halten. Im Rahmen meiner Tätigkeit als Privatdozent baue ich in meine Vorlesungen gelegentlich Impact-Techniken ein, die auch im Hörsaal sehr gute Wirkungen entfalten. Trauen Sie sich!

Ablauf

Eine Idee entfaltet ihre Wirkung erst, wenn man sie in die Tat umsetzt. Deshalb beschreibe ich an dieser Stelle, wie ich die einzelnen Techniken praktisch in das Gespräch einbaue. Sie können der Gesprächseröffnung dienen oder im späteren

Ablauf an geeigneter Stelle eingebaut werden. Für mich gibt es weniger ein »zu früh«, aber durchaus ein »zu spät«. Wenn Sie den Mitarbeiter schon bis zur Erschöpfung zugetextet haben und Ihnen dann voller Freude eine passende Impact-Technik einfällt, mag es für die volle Wirkung dafür bereits zu spät sein. Wenn Sie feststellen, dass die Qualität Ihrer Mitarbeitergespräche ohnehin ausbaufähig ist, empfehle ich Ihnen entsprechende Fachlektüre und Fortbildungen. Der Haufe Verlag und die Haufe Akademie halten viele Angebote für Führungskräfte bereit. »Schlechte« Mitarbeitergespräche werden auch durch Impacts nicht einfach »besser«. Fragen Sie am Ende Ihrer Gespräche nach, mit welchem Eindruck Ihr Mitarbeiter das Gespräch verlässt.

Die »Geschichten«, die ich Ihnen hier vorstelle, sollen den Spannungsbogen verdeutlichen und Ihnen eine Idee davon vermitteln, wie Sie die Dramaturgie aufbauen können. Bitte verstehen Sie meine Geschichten als Angebote. Jede Geschichte kann auch anders erzählt werden. Wenn Sie die Impacts passend zuschneiden, werden Sie womöglich einen anderen roten Faden entwickeln. Impacts sind immer ein Stück weit Experiment. Wir können nie ganz sicher sein, ob wir die gewünschte Wirkung erzielen. Aber ein Versuch lohnt sich auf jeden Fall und Ihre Treffsicherheit wird mit wachsender Erfahrung steigen.

Varianten

Ich bin ein großer Freund des Spieles. Das Ausprobieren, Verwerfen und Neu-Denken faszinieren mich sehr. Mit den Varianten möchte ich in Ihnen die Lust auf diese spielerische Haltung wecken. Manchmal braucht es nur kleine Veränderungen des Ablaufs oder des Materials und Sie kommen zu einer ganz anderen Aussage. Auch meine Kunden haben mich durch ihre eigenen Deutungen schon auf ganz tolle neue Perspektiven gebracht, die ich an späterer Stelle nutzen konnte. Bleiben Sie wachsam für die unterschiedlichen Wahrheiten, die in Impact-Techniken stecken. Wie bereits vorher erwähnt, geht es bei den Inszenierungen nicht um die eine, reine Wahrheit. Es sind vielmehr »Wahr-Gebungen«, die Sie den Mitarbeitern vorstellen können, um einen persönlichen Nutzen daraus zu ziehen. Legen Sie also unterschiedliche Wahrheiten in Ihre Impacts und spielen Sie

- mit dem Material,
- dem zeitlichen Einbau,
- der Geschichte
- und der Botschaft

und Sie steigern die Bandbreite der Einsatzmöglichkeiten. Ich möchte Ihnen außerdem nochmal ans Herz legen, sich mit Ihren Kollegen über den Einsatz von Impacts auszutauschen. Sie müssen nicht alles selber erfinden. Profitieren Sie von den Erfahrungen und Ideen Ihres Umfeldes.

Benötigtes Material & Setting

Wenn Sie ein Mitarbeitergespräch geplant haben, kann die Vorbereitung für einen Impact schon mal etwas umfangreicher sein. Oft sind es aber gerade die spontanen Interventionen, die besonders beeindrucken. Ich stelle Ihnen aus diesem Grund viele Techniken vor, die mit sehr wenigen Accessoires auskommen und meistens mit ein paar Handgriffen eingesetzt werden können. Sie werden feststellen, dass einige Gegenstände besonders für Impact-Techniken geeignet sind. Dazu zählen zum Beispiel Wasser, Papier, Stühle, Uhren oder Brillen. Es sind die Alltagsobjekte, die sich anbieten, und keine exotischen, komplizierten Apparaturen. Kompliziert kann jeder, die Herausforderung liegt in der Schlichtheit. Zum Setting merke ich an, ob es für ein Einzel- und/oder Gruppensetting geeignet ist und welchen Ort ich für die Durchführung nutze. Auch hier gilt natürlich: Durch Ausprobieren steigern Sie Ihr Einsatzfeld.

Fragen zur Reflexion

Im Anschluss an einen Impact folgt in der Regel der Transfer auf die konkrete Arbeitssituation. Sie unterstützen den Mitarbeiter darin, von der Abstraktion bzw. der Metaphorik den Bogen zu spannen zu seinem beruflichen Kontext. Bei manchen Techniken ist die Verbindung so klar, dass es dazu keine vielen Worte erfordert. Hilfreicher kann es sein, vertiefende Fragen anzuschließen, um die inneren Suchprozesse nach einem lösungsorientierten Transfer anzuregen. Vermeiden Sie dabei, die Fragen zu schnell hintereinander zu stellen. Eine gute Frage erfordert Nachdenkzeit. Wenn die Reaktion wie aus der Pistole geschossen kommt, war die Frage womöglich zu nah an den Gewohnheitsmustern. Stellen Sie eine Frage und halten Sie die Stille aus, wenn sie sich einstellt. Es ist ein kreativer Prozess. Sie können davon ausgehen, dass innerlich intensive Selbstgespräche laufen. Mit den Reflexionsfragen möchte ich Ihnen Denkanstöße für Ihr Mitarbeitergespräch liefern. Und ich möchte Sie dazu einladen, sich diese Fragen selber zu stellen. An dieser Stelle wird das Buch für Sie zum »Selbstcoaching«, ein Gespräch von Autor zur Führungskraft mit Unterstützung durch Impact-Techniken.

Bei der Reflexion werden Ihnen einzelne Fragen mehrfach begegnen. Dazu gehören zum Beispiel:

- Welchen Preis bezahlen Sie, wenn alles bleibt, wie es ist?
- Worauf haben Sie Einfluss?
- Was ist der erste konkrete Schritt?
- Worauf können Sie aufbauen?
- Brauchen Sie etwas, um starten zu können?

Die Fragen sind ganz universell. Sie unterstützen dabei, die Selbstwirksamkeit des Mitarbeiters zu betonen und respektieren gleichzeitig seine (noch) gesteckten Grenzen.

Was mir als Idee dazu einfällt

An dieser Stelle können Sie Ihrer eigenen Kreativität freien Lauf lassen. Nutzen Sie meine Impacts als Anregung für eigene Techniken, die optimal zu Ihnen, dem Mitarbeiter und dem Anliegen passen. In meinen Seminaren bekomme ich häufig Rückmeldungen, dass den Teilnehmern spontan noch ganz andere Stilmittel einfallen, um beeindruckende Botschaften zu senden. Ich habe mir angewöhnt, solche assoziativen Ideen in einem Notizbuch festzuhalten. Nutzen Sie daher einfach die freien Stellen am Ende jeder vorgestellten Impact-Technik für Ihre Weiterentwicklung. Damit wird das Nachschlagewerk zu Ihrem ganz persönlichen Schatzkästchen.

2 Impact-Techniken-Sammlung

Nun habe ich Ihre Geduld vielleicht schon strapaziert und Sie möchten endlich loslegen mit der Impact-Arbeit. Das sieht in etwa so aus, als würde man ans Ende eines dünnen Fadens ein immer größeres (Neugier-)Gewicht hängen, das den Faden unter Spannung setzt. Bis zu einem gewissen Grad ist das möglich, dann reißt der Geduldsfaden. Der reißt allerdings auch durch Materialermüdung, wenn sich am Gewicht gar nichts ändert. Sie kennen das vielleicht: Wenn die Einleitung zu lange dauert, verliert das Publikum das Interesse. Mit dem Faden-Impact möchte ich also Ihren Geduldsfaden noch einen Moment »entspannen«.

Wenn ich Sie mit der Lust auf Impacts anstecke, werden Ihnen zukünftig mehr und mehr Möglichkeiten für Aha-Effekte einfallen – die Welt ist voller Impacts! Ob Sie diese dann in Ihre beruflichen oder privaten Gespräche einbauen, steht auf einem ganz anderen Blatt. Es gibt Menschen, die schöpfen aus der Fülle, andere klagen über die Leere des Lebens. Die Fülle des Lebens finden Sie überall: in der Natur, im Büro, im Supermarkt, im Keller oder auf dem Dachboden. In meinen Impact-Seminaren schütte ich einfach einen ganzen Koffer voller Utensilien in den Raum und stimuliere damit die Kreativität der Teilnehmer. Wenn Sie den Aufbau und die Einsatzmöglichkeiten der Technik verstanden haben, »wirken« die Dinge auf Sie fast automatisch. Lassen Sie sich von Ihrer Umwelt beeindrucken, weil Sie sie aus einer anderen Haltung heraus betrachten. Eine hilfreiche Frage: Wenn Sie nicht wüssten, was das für ein Objekt da vor Ihnen ist, was könnte das sein? Über diese Frage eröffnen sich Ihnen kreative neue Einsatzmöglichkeiten für Alltagsgegenstände in der Impact-Arbeit.

Sammeln Sie also solche Denkanstöße in Ihrem Notizheft, als Foto in einer separaten Impact-Ideen-Datei oder ganz traditionell in einer Trödel-Kiste. Letztlich ist es völlig Wurst, welcher Sammlertyp Sie sind. Hauptsache, Sie haben Ihr Angebot im entscheidenden Moment rechtzeitig zur Hand.

So, genug der einleitenden Worte. Der erste Impact ist gleich ein Klassiker. Ich eröffne damit meine Sammlung, weil er einen hervorragenden Eintritt in die Welt der Aha-Effekte liefert. »Die großen Steine« wurden schon als Metapher verwendet, lange bevor mir der Begriff »Impact« als stilistisches Mittel in der Kommunikation überhaupt begegnete. Ich bin überzeugt, dass Impacts schon eine lange Tradition haben, ohne dass wir ihnen explizit einen Namen gaben. Nun haben sie einen und können noch bewusster große Wirkung entfalten.

2.1 Die großen Steine – Die wirklich wichtigen Dinge im Leben

Ziele & Einsatzmöglichkeiten

Manchmal verzetteln wir uns in Details. Wir verlieren den Blick auf die wirklich wichtigen Dinge. Wir funktionieren nur, bewältigen, ohne gewichten zu können. Die Zeit arbeitet gegen uns, weil sie uns keine Chance zu geben scheint, innezuhalten und zu priorisieren. Gefühlt geht es ums nackte Überleben. Irgendwie in Bewegung bleiben, damit wir nicht untergehen. In Fällen hoher Arbeitsdichte ist diese Gefahr besonders groß. Aber auch Menschentypen, die sehr gewissenhaft arbeiten, sich schlecht abgrenzen können oder schnell begeistert neue, zusätzliche Aufgaben übernehmen, sind anfällig für Überlastung. Bei ihnen ist die Gefahr besonders groß, dass sie sich »voll« fühlen, sich übernehmen, sie sich fremdgesteuert erleben. Berücksichtigen Sie bei Ihrer Arbeit mit Impacts, dass Menschen nicht automatisch Hurra schreien, wenn man sie mit einer Wahrnehmung konfrontiert, die sie bisher selber ausgeblendet haben. Daher bieten diese Techniken ja weitgehend tretminenfreies Gelände. Hier können Wahrnehmungen einander gegenübergestellt werden, um ihren »Gehalt« einzuschätzen. Gute Impacts sind in der Tat wertvolles Gehalt, denn ihr Wert kann sich auszahlen.

Die Technik kann sowohl im Einzelsetting als auch vor größeren Gruppen zum Einsatz kommen, wie das Beispiel zeigt.

Ablauf

> Eines Tages trat ein alter Professor vor seine Studenten und blickte andächtig in die Runde. »Wir werden heute ein kleines Experiment machen!«, verkündete er verheißungsvoll. Der alte Professor stellte vorsichtig einen großen Glaskrug auf den Tisch und füllte ihn bedächtig nach und nach mit großen Steinen, bis der Krug randvoll gefüllt war.
> Der Professor hob den Kopf. »Ist der Krug voll?«, fragte er. Die Studenten zögerten nicht lange und antworteten mit einem lauten »Ja!«. Da blitzten die Augen des Professors auf und er fragte noch einmal nach: »Tatsächlich?« Darauf bückte er sich, holte ein Gefäß mit Kieselsteinen hervor und füllte bedächtig den Glaskrug, rührte um und füllte nach, bis die Kieselsteine alle Lücken füllten.

Der alte Professor hob erneut den Kopf und fragte: »Ist der Krug voll?« Die Studenten waren verunsichert, doch einer traute sich und antwortete mit fragender Stimme: »Wahrscheinlich nicht?« Dem Professor huschte ein leises Lächeln über die Lippen. »Gut«, schmunzelte er. Er neigte sich nach unten und hob einen Eimer mit Sand auf den Tisch. Bedächtig goss er den Sand in den Glaskrug. Der Sand rutschte zwischen den Steinen hindurch und füllte die Räume zwischen den großen Steinen und dem Kies.
Noch einmal fragte der Professor: »Ist der Krug voll?« Nun kam die Antwort aller Studenten, ohne zu zögern: »Nein!«, riefen sie dem Professor förmlich entgegen. Das Schmunzeln des Professors wurde breiter. »Gut!«, erwiderte er zufrieden. Nun blickte der Professor verheißungsvoll in die Gesichter seiner Studenten. Diese konnten kaum erwarten, wie das Experiment nun weitergehen sollte. Der Professor griff gemächlich unter seinen Tisch und beförderte eine Flasche Bier ans Tageslicht. Nachdem er die Flasche mit einem lauten Plopp geöffnet hatte, schüttete er den Inhalt in das Gefäß. Das Bier verteilte sich schäumend in den verbliebenen Zwischenräumen zwischen dem Sand.
Nun erhob sich der Professor und fragte die Gruppe: »Was will uns dieses Experiment sagen?« Der Vorwitzigste unter den Studenten erhob sich und sagte mich selbstsicherer Stimme: »Es zeigt uns, dass wir sogar dann, wenn wir meinen, dass wir keine Zeit mehr haben, noch weitere Termine vereinbaren und Dinge erledigen können, wenn wir es nur wollen!« »Nein«, sagte der alte Professor mit ernstem Blick. »Dieses Experiment soll uns zeigen, dass, wenn man nicht zuallererst die großen Steine in das Glas legt, sie später keinen Platz mehr finden!« Die Studenten verstummten und dachten andächtig über das Gesagte nach.
»Was sind die großen Steine in Ihrem Leben?«, unterbrach der Professor die Stille. »Gesundheit? Familie? Freunde? Die Verwirklichung Ihrer Träume? Die Freiheit, tun zu können, was Ihnen gefällt? Oder vielleicht etwas ganz anderes? Nehmen Sie aus unserem kleinen Experiment mit, dass es wichtig ist, zuerst die großen Steine im Leben zu platzieren, sonst laufen wir Gefahr, erfolglos und unglücklich zu sein. Wenn wir den Nebensächlichkeiten den Vorrang geben, also etwa dem Kies und dem Sand, dann füllen wir unser Leben damit auf und am Ende fehlt uns die kostbare Zeit, um uns den Dingen zu widmen, die uns am wichtigsten sind. Vergessen Sie daher nicht die Frage: Was sind die großen Steine in Ihrem Leben?«

> Der Vorlauteste unter den Studenten erhob sich und fragte mit neugieriger Stimme: »Aber was hat es mit dem Bier auf sich?« Der alte Professor freute sich, dass nun endlich diese Frage an ihn gerichtet wurde und antwortete mit einem breiten Grinsen im Gesicht: »Es soll uns zeigen, dass für ein Bier mit guten Freunden immer Zeit ist«. Das leuchtete nun auch dem letzten Studenten ein.

Wie einleuchtend ist Ihnen die Wirkung dieser Impact-Technik? Der gute alte Professor hat beispielhaft einen Spannungsbogen gebaut und seine Studenten damit gefesselt. Und mit einem Augenzwinkern stellte er die Verbindung her zwischen dem Glaskrug und einem Glas Bier unter Freunden. Das nenne ich zielgruppengerechte Kommunikation.

Sie können den Impact gut in Ihren Arbeitsalltag übertragen. Mit einer Glasvase, ein paar Steinen, Sand und Wasser ist das Gespräch leicht vorbereitet. Wenn Sie im Einzelsetting arbeiten, reicht ein kleines Glasgefäß. Das reduziert die Menge an Material erheblich und ist völlig ausreichend für eine »Büro-Demo«.

Varianten
Die Technik ist wunderbar dafür geeignet, über das Thema »Prioritätenmanagement« zu sprechen. Was sind die wirklich wichtigen Dinge, die »großen Brocken«? Wenn Sie mit einem Mitarbeiter über die Wirkungen von »dringend« und »wichtig« sprechen, kann dieser Impact eine gute Einführung ins Thema bieten.

Sie können das Glas auch voll Wasser machen und ihn dann bitten, nun noch die »großen Brocken« unterzubringen. Natürlich wird das Glas überlaufen, wenn er die Steine darin versenkt. Stellen Sie daher etwas unter, damit Sie nicht Ihre Möbel nass machen. Die Wirkung verdeutlicht, dass man manchmal erst mit dem Entleeren anfangen muss, um etwas Neues einzubringen. Wenn Mitarbeiterköpfe voll sind (z. B. mit Gewohnheiten, altem Wissen, Erwartungen etc.) nutzt es wenig, in ihnen neue Botschaften zu »versenken«. Sie bringen dadurch das Fass zum Überlaufen.

Eine ähnliche Aussage erreichen Sie, wenn Sie Ihrem Mitarbeiter zwei volle Wassergläser in die Hände drücken (siehe 2.46). Seine Aufgabe ist es, die beiden Gläser festzuhalten, während Sie ihm einen Ball zum Fangen entgegenwerfen. Keine leichte Übung, ohne den Inhalt zu verschütten. Manchmal ist es eben sinnvoller, weniger lang an den Dingen festzuhalten. Wenn wir die Dinge »aus der Hand geben« und nicht länger an ihnen festhalten, haben wir die Hände frei, um Neues anzupacken. Achtung: Damit Sie Ihr Büro nicht unter Wasser setzen, reichen kleine Gläser oder eine geringe Füllung aus.

Benötigtes Material & Setting

Material:	Glaskrug oder Glasvase, Steine, Sand und Wasser
Setting:	Einzel- und Gruppensetting
Vorbereitung:	keine

Reflexionsfragen

- Was sind die großen Steine in Ihrem Leben?
- Mit welchen kleinen Themen beschäftigen Sie sich vornehmlich?
- Was könnten Sie tun, um die Reihenfolge zu ändern?
- Welchen Preis bezahlen Sie, wenn alles so weiterläuft?

Was mir als Idee dazu einfällt

2.2 Zusammengefaltet – Durch lösungsorientierte Kommunikation Potenziale »ent-falten«

Ziele & Einsatzmöglichkeiten

Die Technik können Sie in Gesprächen einsetzen, wo es um Themen wie Risikobereitschaft, Unsicherheit, Selbstwahrnehmung oder Kritikfähigkeit geht. Im folgenden Beispiel verfolge ich das Ziel, einer Mitarbeiterin beim Perspektivenwechsel zu helfen: vom Problemfokus zum Lösungsfokus. Im Problemfokus wird die Wahrnehmung immer enger. Wir sind nicht mehr aufnahmefähig für neue Ideen. Auch ein Papier, das zusammengefaltet wird, bietet keine Arbeitsfläche mehr. Erst mit dem Entfalten ergibt sich neuer, kreativer Raum.

Ablauf

Eine Ihrer Mitarbeiterinnen fällt Ihnen durch ihre Unsicherheit auf. Sie wirkt ängstlich und vermeidet Situationen, die für sie offenbar ein Risiko bergen. Obwohl Sie immer wieder ermutigen und auch Unterstützung anbieten, bremst sich die Mitarbeiterin mit ihrer Zaghaftigkeit selber aus. Die Angst überträgt sich auch ins Team. Sie entschließen sich daher, mit ihr ein Vieraugengespräch zu führen. Allerdings legen Sie dafür keinen konkreten Gesprächstermin fest, weil Sie eher »die Gunst der Stunde« für Ihren Impact nutzen möchten. Sie warten daher eine Gelegenheit ab, bei der Ihnen die Mitarbeiterin wieder kritisch und zögerlich erscheint. Da Sie für Ihre geplante Technik keine große Vorbereitung brauchen, sind Sie im entscheidenden Moment gut vorbereitet.

Frau Richter, ich kenne Sie nun schon eine ganze Zeit. Am Anfang waren Sie für mich wie ein weißes Blatt Papier (Sie greifen zu einem DIN-A4-Blatt) – *ein unbeschriebenes Blatt, das es lohnt kennenzulernen. Inzwischen ist dieses Blatt nicht mehr ganz so leer und wir haben viele Eindrücke voneinander gesammelt.*

Zu der anstehenden Veränderung in unserer Teamorganisation haben Sie heute in unserer Besprechung viele Bedenken geäußert. Ich finde es gut, dass Sie mit Ihrer Kritik nicht zurückhalten und Ihre Meinung äußern, die andere womöglich gar nicht aussprechen. Sie haben gesagt, dass sich unsere Teamaufstellung schon seit Jahren bewährt hat. (Dabei falten Sie das Blatt langsam einmal in der Mitte, und zwar so, dass die Mitarbeiterin ihre Aufmerksamkeit darauf richtet.) *Sie leisten einen wichtigen Beitrag für die Erfolge in Ihrem Team. Das ist weder den Kollegen noch mir entgangen. Sie haben betont, dass es noch wichtige laufende Projekte gibt, die durch eine Veränderung massiv gestört würden.* (Sie falten das Papier erneut.) *Das stimmt, womöglich kämen Aufgaben auf das Team zu, die jetzt noch nicht komplett überschaubar sind.* (Pause)

Damit verbunden sehen Sie auch Schwierigkeiten an den Schnittstellen zu anderen Arbeitsbereichen. Sie befürchten einen großen Abstimmungsaufwand, weil die Zuständigkeiten in Ihrem Team neu verteilt würden. (Sie falten das Papier ein drittes Mal. Pause)

Und in der Tat, Veränderungen betreffen niemals nur einzelne Mitarbeiter oder Teams, sondern wirken auch auf das Umfeld. Sie befürchten, dass andere Kollegen Sie und Ihr Team auflaufen lassen, weil Sie die neuen Spielregeln auch einfordern müssen. Das ist sicherlich eine Herausforderung für alle. (Sie falten das Papier erneut, langsam wird es schwer.)

Den Vorschlag von Ihrer Kollegin, die Umstellungen mal als Test zu sehen, haben Sie zurückgewiesen. Sie vermuten, dass ein Versuch schnell zur Dauereinrichtung wird. (Sie blicken von der Mitarbeiterin zum Blatt, das sie ein weiteres Mal falten, und schauen wieder Frau Richter an.)

Beim Verlassen der Besprechung haben Sie sich dann die Frage gestellt, ob Sie sich die neue Aufgabenverteilung überhaupt zutrauen. Immerhin haben Sie noch die Patenschaft für die neue Auszubildende. Glauben Sie mir: Ich frage mich oft, wo meine Grenzen liegen. (Sie falten das Blatt zum sechsten und letzten Mal. Ein normales 80-Gramm-DIN-A4-Blatt lässt sich nicht mehr als sechs Mal falten. Nun schweigen Sie ein paar Sekunden. Pause)

Schauen Sie: Dieses Blatt ist jetzt so klein zusammengefaltet, dass darauf kein Platz mehr ist für gute Ideen. Es wirkt eng und steht unter Spannung. Das muss aber nicht so bleiben. Wenn Sie wieder in Verbindung mit Ihrem Zutrauen kommen, dann können Sie neue Kraft entfalten. (Dabei entfalten Sie das Blatt langsam wieder.) *Wenn Sie die Umstellungsphase als Prozess verstehen und nicht als Zustand, dann können Sie mitgestalten.* (Sie entfalten wieder.) *Auch Ihre Kolleginnen und Kollegen können Sie ermutigen, gemeinsam neue Wege zu gehen.* (Sie entfalten erneut.) *Kommunikation ist dabei sicher eine Investition, die sich auszahlt, gerade am Anfang.* (Sie entfalten das Blatt ein weiteres Mal.) *Eine Frage, die dabei zum Beispiel zu klären ist: Wie bekommen wir das mit dem laufenden Projekt hin?* (Ein vorletztes Mal entfalten Sie den Bogen Papier.)

Und gemeinsam sollten wir schauen, was von den bewährten Arbeitsweisen auch in Zukunft Bestand haben sollte, denn Vieles aus der Vergangenheit hat uns erfolgreich gemacht. (Sie falten den Bogen nun wieder ganz auf. Pause)

Das Papier hat nun wieder seine ganze Größe entfaltet. Es ist offen für neue Inhalte: gute Ideen und natürlich auch Zweifel, die geäußert werden dürfen. Stellen Sie sich vor, Sie wären jetzt zu Beginn dieser Veränderung wie dieses weiße, unbeschriebene Blatt, das voll entfaltet ist. Welchen Unterschied würde das für Sie machen?

Im weiteren Gespräch können Sie die Mitarbeiterin ihre eigenen Antworten auf das aufgefaltete Papier notieren lassen. Mitnehmen erlaubt! Sie bekommt dann »Impact to go«.

Varianten

Die Technik können Sie auch in einem Gespräch einsetzen, wenn Sie konkrete »blockierende« Äußerungen des Mitarbeiters bewusst machen möchten. Dazu drücken Sie Ihrem Mitarbeiter das leere, weiße Blatt Papier in die Hand und legen einen Stift bereit. Jedes Mal, wenn er nun im Gespräch mit einer Einschränkung kommt (»niemals, keiner, hier nicht, ich zweifle, das schaffen wir nicht …«), bitten Sie ihn, diese Einschränkung auf das Blatt Papier zu schreiben und anschließend zu falten. Das setzen Sie so lange fort, bis der Bogen wieder sechs Mal gefaltet ist und damit »Materialerschöpfung« eintritt:

Sie haben viele Aussagen getroffen, die das Projekt zurzeit noch in Frage stellen. Nun können Sie ja mal rückwärtsdenken und schauen, welche Lösungen es geben kann. Halten Sie doch bitte nach jedem Entfalten des Blattes einen konstruktiven Gedanken oder eine Idee fest, die hilfreich sein könnte bei der Realisierung des Projektes …

Benötigtes Material & Setting

Material:	DIN-A4-Papier, 80 Gramm (normales Drucker- oder Kopierpapier)
Setting:	Einzelsetting
Vorbereitung:	keine

Reflexionsfragen

- Mit welchen Gedanken falten Sie sich im Moment selber noch zusammen?
- Mit welchen Überzeugungen und Glaubenssätzen können Sie sich und Ihre Mitarbeiter »ent-falten«?
- Wer oder was schränkt Ihren kreativen Raum ein?
- Was würden Sie tun, wenn Sie ein unbeschriebenes Papier wären?

Was mir als Idee dazu einfällt

2.3 Nicht vorhersehbar – Wenn-Dann-Funktionen infrage stellen

Ziele & Einsatzmöglichkeiten

Wir leben in einer Arbeitswelt, die von Temporeichtum, Unsicherheiten und Komplexität gekennzeichnet ist. Kurzum: VUKA (Volatilität, Unsicherheit, Komplexität und Ambiguität) hat uns fest im Griff. Manchen Menschen fällt es schwer, sich auf diese neuen Herausforderungen einzulassen. Sie reagieren mit Ängsten und dem Versuch, an den bekannten Strukturen und Kausalitäten festzuhalten: »Wenn ich jenes mache, wird folgende Wirkung eintreten ...« Diese Impact-Technik unterstützt Sie darin, dem Mitarbeiter die Unkalkulierbarkeiten des Arbeitsalltages näherzubringen. Sie bietet sich daher besonders für Kontexte an, in denen es um soziale Systeme geht. Die Interaktion mit anderen Menschen ist so ein soziales System. Der Impact schafft ein Bewusstsein für die partielle Macht, die dem Mitarbeiter zur Verfügung steht. Er kann zwar den Ausgangspunkt (mit-)bestimmen, aber das Resultat ist nicht sicher. Die Technik sensibilisiert für agile, situative Reaktionen. Das Spiel des Blattes im Wind wird als die zentrale Aufgabe verstanden, den sich ändernden Prozess kontinuierlich im Auge zu behalten.

Ablauf

Auf Unsicherheiten reagieren manche Menschen mit der besonderen Betonung bekannter Denk- und Verhaltensweisen. In einer unkalkulierbaren Welt scheinen vertraute Muster hilfreiche Inseln zu sein, auf die man sich (wenigstens vorübergehend) retten kann. Im Arbeitsalltag gehören dazu Routinen und Rituale. Beides finde ich in Phasen großer Umbrüche sehr hilfreich. Radikale Change-Prozesse, bei denen kaum ein Stein auf dem anderen bleibt, können große Unsicherheit und Ängste auslösen, die Motivation und Kreativität ausbremsen. Routinen und Rituale als Gegengewicht zum Veränderungsprozess können einen förderlichen Grad an Vertrautheit schaffen. Diese Vertrautheit fördert sowohl das Vertrauen in die Handhabbarkeit der Prozesse als auch die Zusammenarbeit mit den Kolleginnen und Kollegen. Die Herausforderung liegt in dem förderlichen Maß an Veränderung und Stabilität. Wenn das eine als Bedrohung erlebt wird, besteht die Gefahr, den Gegenwert besonders stark zu betonen. In meinem Beispiel reagierte der Bereichsleiter auf die anstehenden Veränderungen mit besonders viel konservativer Energie: »Wir haben das schon immer so gemacht, und zwar mit sehr guten Ergebnissen.«

Herr Klein, ich möchte Sie heute mal zu einem kleinen Experiment einladen. Wir befinden uns gerade in einer Phase vieler großer und kleiner Experimente, da schließt sich dieser Versuch, glaube ich, ganz gut an. Ich habe hier ein leeres Blatt Papier für Sie. Bitte notieren Sie darauf ein Ziel, das Sie in den nächsten Wochen oder Monaten erreichen möchten. (Pause) Geben Sie dem Mitarbeiter ausreichend Zeit, sein Ziel aufzuschreiben. *Es kommt nicht darauf an, ob es ein großes oder kleines Ziel ist. Hauptsache, Sie haben eine Vorstellung davon, wo Sie hinmöchten.*

Bitte nehmen Sie nun dieses beschriebene Blatt Papier und steigen Sie damit auf diesen Stuhl, den ich für Sie bereitgestellt habe. (Achtung: Aus Sicherheitsgründen keine fahrbaren Drehstühle verwenden!) *Nun lassen Sie bitte das Blatt Papier fallen und beobachten, wo es landet. – Sehr gut. Hier oben war der Ausgangspunkt, dort unten ist Ihr Ziel-Landeplatz.*

Nun bitte ich Sie, das Blatt Papier erneut in die Hand zu nehmen und auf den Stuhl zu steigen. Lassen Sie das Papier ein weiteres Mal fallen. Ihre Aufgabe ist es allerdings, dafür zu sorgen, dass es genau an der gleichen Zielstelle landet wie zuvor. (Pause)

Mit hoher Wahrscheinlichkeit wird es dem Mitarbeiter nicht gelingen. Falls doch, lassen Sie ihn ein weiteres Mal auf den Stuhl steigen, um zu demonstrieren, dass bei gleicher Ausgangslage ein völlig anderes Ergebnis nicht nur möglich, sondern sehr naheliegend ist.

Wenn Sie nun einen Vergleich ziehen zwischen diesem Blatt Papier und Ihren Führungsstrategien, wo sehen Sie Parallelen, wo Unterschiede? Wie lange können wir wohl noch davon ausgehen, dass bei gleichem Input auch der gleiche Output herauskommt? Wieso reagieren Ihre Mitarbeiter so unterschiedlich, obwohl Sie Ihnen doch aus gleicher, bewährter Haltung heraus begegnen?

Meine Erfahrung: Stellen Sie eine Frage nur dann als Gesprächseinstieg, wenn der Mitarbeiter noch eine Transferhilfe braucht. In den meisten Fällen ist das gar nicht nötig, weil die Botschaft eindeutig und der Mitarbeiter sein eigener Problem- und Lösungsexperte ist. Verzichten Sie außerdem darauf, zu viele Fragen zu schnell hintereinander zu stellen. Geben Sie Zeit zum Nachdenken. Halten Sie dieses Nachdenken aus, ohne die Stille durch weitere Anmerkungen zu stören. Denken braucht

Momente der Besinnung. Schenken Sie sich selbst und Ihrem Mitarbeiter eine gute Portion davon.

Varianten

Statt des Papiers können Sie sämtliche Gegenstände verwenden, deren Bewegung nicht eindeutig vorhersehbar ist. Dazu zählen Kugeln, Flummis und auch Streichhölzer oder Mikadostäbchen. Beim Mikado ist es eine ganz ähnliche Ausgangssituation. Wir halten zwar die Dinge in der Hand, haben aber keinen Einfluss auf deren Endposition. Es sei denn, wir geben sie nicht aus der Hand. Dann können wir das Spiel aber nicht spielen. Es ist also nötig, ergebnisoffen in dieses Spiel einzusteigen und dann zu schauen, wie ich die Lage bestmöglich für mich löse. Manchmal kommt dann der Hinweis, dass der Beruf ja nicht mit einem Spiel zu vergleichen sei, schließlich stünde deutlich mehr auf dem Spiel als ein wackelndes Mikadostäbchen. Ich finde, es lohnt sich, über die Analogie des Spiels weiter den Berufsalltag zu reflektieren. Auch beim Blatt Papier hatten wir »das Spiel der Luft«. Immerhin steckt darin eine gehörige Portion Leichtigkeit und Beweglichkeit, die wir heute mit Agilität übersetzen können.

Benötigtes Material & Setting

Material:	DIN-A4-Papier, 80 Gramm (normales Drucker- oder Kopierpapier), Stift, Stuhl
Setting:	Einzelsetting
Vorbereitung:	keine

Reflexionsfragen

- Worauf haben Sie Einfluss?
- Wo liegen die Grenzen Ihrer Einflussnahme?
- Wenn Ihre Situation ein Spiel wäre: Welches wäre es und wie wären die Regeln?
- Worauf können Sie vertrauen? Bei sich selbst? Bei anderen?

Was mir als Idee dazu einfällt

2.4 Ballast abwerfen – Sich auf die wirklich gewichtigen Dinge konzentrieren

Ziele & Einsatzmöglichkeiten

»Leichtes Gepäck«, so lautet ein Titel der Musikergruppe Silbermond. Darin heißt es: »Denn es reist sich besser mit leichtem Gepäck.« Manche Menschen tendieren dazu, an sehr vielen Aufgaben gleichzeitig zu arbeiten, keine wirklich abzuschließen oder (zu) viel Verantwortung zu übernehmen. Der Impact zielt darauf ab, das »Gewicht« dieser Verantwortung körperlich erfahrbar zu machen. Dabei ist nicht unbedingt gesagt, dass der Mitarbeiter die aktuelle Situation als Last oder gar als Belastung erlebt. Wie auch in den anderen Techniken stellen Sie nur eine mögliche Wahrnehmung vor und bieten ein Gespräch darüber an.

Sie können den Impact sowohl im Einzelsetting als auch mit Gruppen vornehmen. Wenn Sie mit mehreren Personen arbeiten, zum Beispiel in einer Besprechung oder in einem Seminar, dann benötigen Sie allerdings deutlich mehr Gewichte, um alle ausreichend mit »Ballast« ausstatten zu können. Sorgen Sie also vor der Veranstaltung für ausreichend »Gepäck«.

Ablauf

Ihre Mitarbeiterin Frau Hut ist ein richtiges Arbeitspferd. Sie ist mit großem Engagement in verschiedenen Projekten aktiv. Frau Hut arbeitet sehr gewissenhaft und kann schlecht »Fünf gerade sein lassen«. Sie wird mit der Lösung von Aufgaben oft erst im letzten Moment fertig, weil »gut eben nicht gut genug ist«. Ihr könnte ja im letzten Moment noch etwas Entscheidendes einfallen. Ihre Ergebnisse liefert sie daher manchmal erst im letzten Moment ab – mit sehr guten Ergebnissen, die sie selbst aber oft nicht zufriedenstellen.

Frau Hut ist bei den Kollegen sehr beliebt. Sie unterstützt, wo sie kann, und bleibt auch abends regelmäßig länger, während die hilfesuchenden Kollegen dann pünktlich Feierabend machen. Sie hat so ihre Probleme damit, Nein zu sagen, das weiß sie auch von zu Hause: »Und plötzlich habe ich wieder was am Bein, das ich gar nicht wollte.«

Sie eröffnen das Gespräch mit Frau Hut:

Manchmal merken wir gar nicht, was wir so alles am Hals haben, weil eins nach dem anderen dazukommt – ein schleichender Prozess. Das ist so ähnlich wie beim Zunehmen: Die einzelnen Appetithäppchen sind ganz lecker und jedes für sich genommen wäre auch kein Problem. Lange merken wir gar nicht, wie sich kontinuierlich die Gramme und Kilos auf uns verteilen. Schließlich sind wir es ja gewohnt, unseren Körper zu (er-)tragen. Niemand fragt sich wirklich, wie schwer seine rechte Hand ist. Wir bekommen nur eine Idee davon, in welchem gewichtigen Körper wir daheim sind, wenn wir auf die Waage steigen – oder wenn die Hosen zu eng werden. Irgendwann spüren wir, dass sich die Trägheit der Masse bemerkbar macht und die Klamotten wie eingelaufen wirken. Was für das Körpergewicht gilt, gilt in gleichem Maße für das Gepäck, das wir ständig mit uns herumtragen: Verantwortung, viele Aufgaben, belastende Gedanken und Sicherheitsanker gehören zu diesem Gepäck. (Pause)

Ich bitte Sie mal zusammenzutragen, was Sie im Moment so alles »am Bein« haben und mit sich herumtragen. Vielleicht fällt es Ihnen schwer, so spontan alles zu überblicken. Wenn Sie möchten, unterstütze ich Sie dabei mit meiner Wahrnehmung. (Pause)

Für jede der nun genannten Aufgaben, Zuständigkeiten, Projektengagements etc. drücken Sie der Mitarbeiterin nun ein Gewicht in die Hand. Wenn Sie nicht gerade in einem Fitnessstudio arbeiten, ist hier etwas Ideenreichtum gefordert. Ich helfe mir damit, meinen Klienten in jede Hand eine Baumwolltasche zu drücken und pro Aufgabe ein schweres Buch hineinzulegen. Grundsätzlich können Sie jeden Gegenstand wählen, der einiges an Gewicht hat. Sie müssen nicht unbedingt Ihr ganzen Büro auf den Kopf zu stellen. Papier ist sehr schwer; nutzen Sie das Kopierpapier-Vorratslager, das ist bestens geeignet.

Mit der Zeit werden die Arme des Klienten bzw. Mitarbeiters immer länger und ein Gefühl für das »Gepäck« stellt sich automatisch ein. Spielen Sie das Stück ruhig noch eine ganze Zeit weiter, um wirklich einen tiefen, körperlichen Eindruck zu hinterlassen. Davon lebt dieser Impact. Ich habe die Technik vor Jahren als Mitarbeiter in der Adipositastherapie entwickelt. Dort habe ich die stark übergewichtigen Menschen die überschüssigen Kilos in Form von Kartoffelsäcken tragen lassen. Das hat unglaublich starke Emotionen ausgelöst, hatten wir doch eine direkte Korrelation zwischen den Kartoffel-Zentnern und dem Körpergewicht. In unserem »Büro-Fall« geht es natürlich nicht um das Gewicht der Mitarbeiterin, sondern um das psychische Gewicht, an dem sie zu tragen hat. Wenn alle Tätigkeiten zusammengetragen und als Gewicht in die Taschen gelegt sind, setzen Sie das Gespräch fort:

Sie haben inzwischen gemerkt, wie der Inhalt Sie nach unten zieht. Das geht ganz schön in die Arme. Wenn Sie es aber noch einen Moment aushalten, möchte ich die Übung noch um eine Kleinigkeit ergänzen: Während Sie die vollgepackten Taschen in den Händen halten, springen Sie bitte mal so hoch Sie können. Nehmen Sie Schwung, wenn Sie möchten, und machen Sie so einen richtigen Satz nach oben.

Bei vollem Gepäck wird es der Mitarbeiterin schwerfallen, sich spürbar vom Boden zu heben. Der Ballast zieht sofort wieder nach unten. Neben der unverkennbaren Wirkung wird an dieser Stelle oft gelacht, weil es sich so ungewohnt anfühlt.

Wenn man sich Stück für Stück immer mehr ans Bein bindet, besteht die Gefahr, dass uns dieses Gewicht schleichend, aber stetig nach unten zieht. Außerdem wird es immer schwerer, mal Luftsprünge einzubauen, um über den Dingen zu stehen. Den Bodenkontakt zu verlieren ist kein Kavaliersdelikt, sondern eine wichtige Voraussetzung, um gelegentlich die Perspektive zu wechseln. Welche Tätigkeiten und Überzeugungen könnten bei Ihnen Ballast sein? Wo halten Sie eine Trennung für möglich, um wieder mehr Raum und Kraft für Unvorhergesehenes zu bekommen?

Varianten

Ob Taschen gefüllt mit Papier, Kartoffelsäcke oder Gewichtsmanschetten aus dem Fitnessstudio, suchen Sie nach einer praktikablen Lösung vor Ort. Wichtig ist: Machen Sie es einfach!

Statt der »gewichtigen« Gegenstände können Sie Ihrer Mitarbeiterin auch Kleidungsstücke überhängen. Sie wird dann nach und nach zu einer Art »Kleiderständer«, der benutzt wird. Ein schönes Bild, um die Passivität und das »Verschwinden hinter den Requisiten« zu verdeutlichen. Fragen Sie ruhig nach, wie es der Mitarbeiterin geht, wenn sie vollgepackt wie ein Garderobenständer in der Ecke steht. Am besten hängen Sie ihr dabei noch eine Jacke über dem Kopf, sodass ihr ganz und gar schwarz vor Augen wird.

Stellen Sie auch mal den Vergleich mit einer Schlinge her, die sich immer weiter zuzieht. Oder mit einem Spielraum, der immer mehr verloren geht, wenn wir uns überladen. Bitten Sie die Mitarbeiterin, sich in die Mitte eines roten Seils zu stellen, das Sie als großen Kreis ausgelegt haben. Mit jeder genannten Aufgabe ziehen Sie nun den Kreis ein bisschen enger. So lange, bis kein Spielraum (d. h. Bewegungsradius) mehr bleibt. Die Rückmeldungen dazu reichen von »einengend« über »hilflos« bis »beklemmend«.

Wenn Sie etwas mehr Zeit für die Vorbereitung haben, ist ein Rucksack ideal, den Sie sukzessive mit schweren Gegenständen beladen. Bei einem geplanten Mitarbeitergespräch sollte das gut machbar sein. Rucksäcke sind sowieso eine tolle Requisite für diverse Impacts, weil sie als Metapher für Prozesse, Erfahrungen, neue Perspektiven, Ressourcen etc. stehen.

Benötigtes Material & Setting

Material:	schwere Gegenstände, z. B. Papierstapel, zwei Taschen
Setting:	Einzel- und Gruppensetting; nahezu an jedem Ort
Vorbereitung:	keine

Reflexionsfragen

- Was erleben Sie zurzeit noch als Ballast?
- Wovon möchten Sie sich auf keinen Fall trennen?
- Was könnte Ihnen kurzfristig die größte Erleichterung verschaffen?
- Was wäre der erste, spürbare Vorteil, wenn Sie diese Belastung los wären?

Was mir als Idee dazu einfällt

2.5 Das halb volle Wasserglas – Aufmerksamkeitslenkung – und was sie verhindert

Ziele & Einsatzmöglichkeiten

Sie vermissen bei Ihrem Mitarbeiter den Blick für das große Ganze. Durch diesen Impact lenken Sie seine Wahrnehmung vom Detail auf den Kontext. Gezielte Aufmerksamkeitslenkung, durch uns selbst oder andere, fördert die selektive Wahrnehmung. Diese »Ausschnitte« haben oft eine Problemfokussierung zur Folge. In der Arbeitswelt kann das zum Beispiel bedeuten, dass Mitarbeiter keinen Blick mehr auf Ressourcen oder Lösungen haben oder sich in Details verfangen. »Das halb volle Wasserglas« nutzt die bekannte Perspektive »Halb voll oder halb leer« als Brücke zu diesem Impact. Die meisten Menschen werden zuerst damit rechnen, dass es bei dieser Technik in erster Linie um die positive oder negative Wahrnehmung des Wasserglases geht. Die Ausweitung auf das Wasserglas »Umwelt« ist damit umso aufschlussreicher. Die Technik eignet sich für das Einzelsetting, aber auch hervorragend für größeres Publikum. Teilweise verstärken sich dort die Leute noch mit ihrer eingeschränkten Wahrnehmung.

Ablauf

Im Anschluss an eine Besprechung bitten Sie Ihren Mitarbeiter kurz um ein Vieraugengespräch. Die Technik eignet sich hervorragend dafür, weil sie mit so wenig Material auskommt und nahezu an allen Orten angewendet werden kann.

Herr Stein, Sie haben in der Teambesprechung auf die anstehende Neuordnung unserer Absatzwege aufmerksam gemacht. Sie haben sich in den letzten Wochen und Monaten sehr intensiv mit der neuen Vertriebsausrichtung beschäftigt. Manche Stunde haben auch wir beide miteinander verbracht, um die Chancen und Risiken zu diskutieren.

Sie haben Ihren Teamkollegen sehr detailliert die neuen Pläne geschildert. Und es wurde spürbar, welche Bedenken und Ängste die Leute besonders beschäftigen. Mich hat die Situation eben an ein kleines Experiment erinnert, das ich Ihnen gerne vorstellen möchte.

Vor seinen Augen greifen Sie nun ein leeres Glas, nehmen sich eine Flasche Wasser, öffnen diese und schütten das Glas halb voll mit Wasser. Machen Sie das langsam und bedächtig, damit Sie mithilfe dieser Handlung schon einen Spannungsbogen aufbauen. Wahrscheinlich wird der Mitarbeiter ziemlich früh vermuten, dass jetzt wieder der alte Hut »Halb voll, halb leer« strapaziert wird. Wenn Sie das halb gefüllte Glas in Ihrer Hand halten, schauen Sie ihn an und fragen:

Was sehen Sie hier? Halten Sie den Blickkontakt, denn auch der gehört zum Spannungsbogen. Eine sehr übliche Reaktion des Mitarbeiters: »Kommt darauf an, aus welcher Perspektive ich es sehe: ein halb volles oder halb leeres Wasserglas.«

Wieder blicken Sie nur einen Moment zuerst auf das Glas, dann auf Herrn Stein. Halten Sie die Stille aus und lassen Sie seine Anmerkung nachwirken.

Das stimmt, diese Wahrnehmungsübung wurde schon oft genutzt, um auf Perspektivenwechsel hinzuweisen. Aber es steckt noch mehr darin. Denn Sie sehen nicht nur das Glas, das zu fünfzig Prozent gefüllt ist. Sie sehen es auch in meiner Hand am ausgestreckten Arm. Sie sehen mich, der vor Ihnen steht und Sie anschaut. Sie sehen einen Mann im Besprechungsraum, der vor einer Wand steht, neben sich auf dem Tisch eine angebrochene Wasserflasche. Sie sehen also viel mehr als dieses Glas, in dem sich Wasser befindet. Und trotzdem reduzieren Sie Ihre Aussage auf diesen kleinen Bildausschnitt.

Mit unserer Wahrnehmung im Alltag ist das oft sehr ähnlich. Wir konzentrieren uns auf das, womit wir uns gerade besonders beschäftigen. Das hat manche Vorteile, denn so können wir störungsfreier arbeiten. Manchmal passiert es allerdings auch, dass uns bestimmte Dinge einfach nicht auffallen, weil sie uns aus dem Blickfeld geraten sind. Dann heißt es, wieder das Große und Ganze einzubeziehen. Wie ist der Kontext? Was sehen die anderen vielleicht, was ich im Moment gar nicht im Fokus habe? Das passiert besonders dann ganz gerne, wenn wir uns gerade auf eine Aufgabe spezialisieren. Sie haben eben erlebt, wie die Kolleginnen und Kollegen durch ganz überraschende Anmerkungen weitere Perspektiven und Bildausschnitte mit in die Diskussion gebracht haben. Wie viel »Wasserglas-Wahrnehmung« steckt denn in Ihrer aktuellen Arbeitssituation?

Wenn der Mitarbeiter hier einen Moment braucht, um den Transfer herzustellen zwischen Analogie und konkreter Besprechungssituation, dann ist das gut investierte Zeit. Schenken Sie ihm diese ruhig. Immerhin sind Sie mit Ihrer Technik schon bestens im Bilde, er braucht vielleicht noch einen Moment des »Verdauens«. Im Anschluss können Sie eine kurze Unterhaltung darüber führen, welche weiteren Aspekte bei der anstehenden Vertriebsoptimierung auch noch gesehen werden sollten. Dazu gehören die Ängste der Mitarbeiter, die angrenzenden anderen Teams, die Kommunikation mit der Öffentlichkeit usw. Um den Tunnelblick zu vermeiden oder zu reduzieren, ist Mindmapping eine attraktive Methode. Vielleicht entwickeln Sie ja sogar daraus einen ganz eigenen Impact …

Varianten

Die Landkartenidee aus dem Mindmapping ist wirklich gut, um daraus einen eigenen Impact zu entwickeln. Sie können zum Beispiel eine Lupe auf eine Landkarte legen und den Mitarbeiter bitten, Ihnen zu sagen, was er sieht. Mit großer Wahrscheinlichkeit wird er den Fokus beschreiben, also den konkreten Ort oder gar die Straße, aber nicht die Lupe oder gar die ganze Landkarte. Über diese Inszenierung kommen Sie ins gleiche Thema wie mit der Glas-Technik.

Wenn Sie ein Flipchart in der Nähe haben, dann nutzen Sie ganz einfach die weiße Fläche: Machen Sie in der Mitte des Blattes einen dicken schwarzen Punkt. Was sieht Ihr Mitarbeiter? Er wird Ihnen den schwarzen Punkt nennen, aber mit Sicherheit nicht das weiße Papier, das Flipchart oder alles andere in der Umgebung. Lenken Sie seine Aufmerksamkeit, damit er versteht, wie er sich selbst in der Wahrnehmung begrenzt.

Benötigtes Material & Setting

Material:	Wasserglas, Wasserflasche
Setting:	Einzel- und Gruppensetting; nahezu an jedem Ort
Vorbereitung:	keine

Reflexionsfragen

- Worauf konzentrieren Sie sich momentan ganz besonders?
- Was würde ein völlig Unbeteiligter womöglich noch wahrnehmen?
- Welche Bedeutung hat das für Ihr Ausgangsthema, wenn Sie den Fokus weiter machen?
- Welche Person hätte eine völlig andere Perspektive als Sie? Welche?

Was mir als Idee dazu einfällt

2.6 Die kreative Kaffeetasse – Den üblichen Denkrahmen verlassen

Ziele & Einsatzmöglichkeiten

Kommunikation erfolgt über Bilder. Das machen sich auch die Impact-Techniken zunutze. Wir brauchen eine innere Repräsentation, um eine optische Vorstellung von etwas zu bekommen. Wenn wir von »Baum« sprechen, entsteht in unserem Kopf das Bild eines Baumes. Wenn wir zu vielen Leuten von einem Baum sprechen, entsteht in jedem Zuhörerkopf ein anderes Baumbild. Diese Impact-Technik soll Ihren Mitarbeiter dabei unterstützen, das herkömmliche Bild (einer Aufgabe, einer Situation, eines Menschen ...) mal ganz anders wahrzunehmen. Das klappt am besten durch einen Perspektivenwechsel. Ich habe die Technik in einem Seminar mit ca. zwanzig Teilnehmern kennengelernt. Sie eignet sich sowohl für das Vieraugengespräch wie für eine Teambesprechung. Sie ist sogar bühnentauglich.

Ablauf

Sie sitzen mit einem Mitarbeiter bei einer Tasse Tee und unterhalten sich über Produktinnovationen und neue Kundenzielgruppen. Sie wollen einfach mal »verrückt« denken. Allerdings ist das nicht immer so ganz einfach. Das Verrücktsein haben viele von uns spätestens in der Schule verloren. Da braucht es manchmal schon einen Anstoß, um sich zu »ver-rücken«. Dafür haben Sie sich eine Impact-Technik einfallen lassen:

Herr Zimmermann, ich möchte Sie einladen, mal ganz schräg zu denken, um auf neue Ideen zu kommen. Dazu habe ich hier für Sie Papier und Stift zurechtgelegt. Schieben Sie das Material zu Ihrem Mitarbeiter.

Wenn wir beide hier so bei einer Tasse Tee sitzen, bitte ich Sie, mal eine Tasse auf die linke Seite des leeren Blattes zu zeichnen. Das soll kein Foto für unseren Katalog werden, also zeichnen Sie einfach, so gut Sie können. Damit nehmen Sie dem Mitarbeiter die Gedanken, nicht zeichnen zu können. Außerdem hat er die Tasse vor der Nase stehen, vielleicht fängt er an, diese abzuzeichnen. Auch gut.

Das sieht ja schon richtig gut aus. Prima. Nun zeichnen Sie daneben bitte mal eine ganz kreative Tasse, völlig außergewöhnlich, Ihr eigenes Meisterstück.

Nun fängt es den meisten Leuten an, Spaß zu machen. Sie trauen sich mehr, arbeiten mit Formen, Größe und Motiven auf der Tasse.

Herrlich. Wir sollten darüber nachdenken, Sie zum Produktdesigner zu machen. Nun ist es so, dass bei der Einzigartigkeit Ihrer Tasse eine Ähnlichkeit zu nahezu allen anderen Entwürfen besteht. Haben Sie eine Ahnung, welche das ist? Geben Sie dem Mitarbeiter einen Moment Zeit, darüber nachzudenken. Vielleicht kommt er auf Ideen, die Sie bisher noch gar nicht hatten!

Schauen Sie, nahezu hundert Prozent aller Leute, denen ich diese Aufgabe stelle, zeichnen ihre kreative Tasse aus genau der gleichen Perspektive: frontal. Nun ist die Welt aber mehrdimensional, auch unsere Kaffeetasse. Ich möchte Sie mit dieser Übung dazu einladen, die Tasse auch aus anderen Perspektiven zu sehen und kreativ zu werden: Wie kann Sie von unten aussehen? Wie von oben, wenn man in sie hineinschaut? Wie verändert sie sich, wenn man um sie herumgeht? Aus all diesen Antworten lassen sich zusätzliche kreative Ideen entwickeln, um unseren bekannten Denkrahmen zu verlassen. Sie erschließen sich dadurch neue Handlungsräume.

Wenn ich in meinen BWL-Vorlesungen diesen Impact einsetze, lasse ich eine Gruppe von Studenten eine Führungsskulptur körperlich abbilden (also quasi die Alternative zur Kaffeetasse). Die anderen Anwesenden gehen dann darum herum und nehmen die Skulptur aus unterschiedlichen Perspektiven wahr: 360 Grad. Das ist eine gute Technik, um den Blick aus der Frontalen in die Mehrdimensionale zu bringen.

Varianten

Es ist natürlich völlig egal, was Sie als Aufhänger wählen: Wenn Sie gerade Kaffee trinken, bietet sich die Tasse an. Wenn Sie über Autos sprechen, sind es eben Autos. Sie werden sehen, dass die Objekte in aller Regel aus einer »typischen« Position heraus gesehen werden: Autos von der Seite, Häuser, Menschen und Landschaften aus der Frontalen (statt zum Beispiel von oben).

Sie können auch, bevor Sie mit dem Mitarbeiter ins Gespräch kommen, einen Gegenstand hinter einem größeren Objekt verschwinden lassen. Dann fragen Sie den Mitarbeiter, was er sieht. Da das kleinere Objekt durch das größere verdeckt ist (der Mitarbeiter also nur einen Teil der Realität sieht), wird er sich auf diese »Teil-Wahrheit« beschränken. Dann nehmen Sie das größere Objekt weg und fragen: *Auch wenn Sie es aus Ihrer Perspektive nicht gesehen haben, ist diese Kleinigkeit ja trotzdem vorhanden, manchmal mit großer Wirkung. Welche Perspektive könnten Sie einnehmen, um zu einer erweiterten Wahrnehmung zu kommen?*

Benötigtes Material & Setting

Material:	Papier und Stift
Setting:	Einzel- und Gruppensetting
Vorbereitung:	keine

Reflexionsfragen

- Welche Annahme/Überzeugung wird aus dieser Perspektive bestätigt?
- Worauf müssten Sie verzichten, um eine andere Perspektive einnehmen zu können?
- Was wird (un-)möglich, wenn Sie an Ihren alten Gedanken/Bildern/Perspektiven festhalten?
- Wo können Sie heute noch eine völlig ungewöhnliche Perspektive ausprobieren?

Was mir als Idee dazu einfällt

2.7 Gehüpft wie gesprungen – Den zweiten Schritt nicht vor dem ersten machen

Ziele & Einsatzmöglichkeiten

Wenn ich andere Menschen zu etwas bewegen möchte, bin ich gut beraten, ihren Ausgangspunkt treffend einzuschätzen. Im Coaching sprechen wir davon, »den Klienten dort abzuholen, wo er steht«. Manchmal sind die Experten, Initiatoren oder »Insider« schon einen guten Schritt weiter als die »Outsider«, die noch nicht mit unseren Ideen und Projekten vertraut sind. Der Impact soll helfen, die Ausgangslage unserer Mitarbeiter im Auge zu behalten und sie nicht zu früh mit unseren Ideen zu überfordern. Auch dieser Impact kann sowohl im Einzelgespräch als auch vor einer größeren Gruppe oder als Technik bei einem Vortrag eingesetzt werden.

Ablauf

Bei einer Führungskräftetagung geht es darum, wie die Team- und Bereichsleiter die Mitarbeiter für anstehende Veränderungen »an Bord« holen können. Der Betrieb hat in den letzten Jahren mehrere Anläufe unternommen, um eingefahrene Strukturen zu verlassen und agiler zu werden, meistens allerdings mit mäßigem Ergebnis. Zu mächtig waren die etablierten Gewohnheiten. Das führte zu der Abwartetaktik: Erst mal gar nichts machen und dann darauf warten, dass alles bleibt, wie es ist. Die Führungskräfte spüren starken Widerstand und reagieren darauf mit doppelten Anstrengungen in ihrer Überzeugungsarbeit. Sie stehen vor der (ebenfalls stehenden!) versammelten Mannschaft:

Meine Damen und Herren, Sie stehen vor einer massiven Veränderung Ihrer Unternehmenskultur. Was Sie jahrzehntelang gepflegt haben, wird massiv infrage gestellt. Manchmal sind große Sprünge wirklich wichtig. Es ist nicht möglich, einen breiten Fluss in mehreren Sprüngen zu überqueren, ohne sich nasse Füße zu holen. Dabei ist es wichtig, die Ausgangslage richtig einzuschätzen, damit das mit dem Anlauf auch gut funktioniert.

Ihre Situation erinnert mich an einen Ball. Dann nehmen Sie einen vorbereiteten platten Fußball, den Sie sich in einer Ecke zurechtgelegt hatten. Lassen Sie sich beim Hervorzaubern Zeit, damit die Teilnehmer selber schon fantasieren dürfen, wo die Parallelen zu finden sind. Dann halten Sie den Ball gut sichtbar hoch, damit er von allen Anwesenden gut gesehen werden kann.

Die Mitarbeiter sind gefüllt mit Eindrücken der letzten Jahre: der Führungskultur, den Projekten, den Erfolgen und Misserfolgen. Es ist einiges zusammengekommen und manchmal stand für Sie alle einiges auf dem Spiel. (Pause) *Im Rahmen Ihrer Veränderungspläne versuchen Sie nun, Ihre Mitarbeiter von den neuen, unabwendbar scheinenden Maßnahmen zu überzeugen. Mehr noch: Sie wollen die Mitarbeiter als Mitspieler auf dem Feld haben, um gemeinsam zu gewinnen.* (Pause) *Sie schicken die Leute ins Spiel und vertrauen darauf, dass jeder auch ins Spiel findet.*

Dann werfen Sie den Ball zu Boden. Weil dieser platt ist, bleibt er wie ein »nasser Sack« am Boden liegen. (Unbedingt Pause einbauen und Blickkontakt mit den Teilnehmern suchen!)

Die Leute sind platt, die Luft ist raus. Es kommt nichts zurück, es kann sich kein Spiel entwickeln. Sie können die Mannschaft jetzt natürlich weiter anfeuern, sie ermutigen. Aber die Ergebnisse bleiben trotzdem am Boden. Da ist viel Luft verlorengegangen in den letzten Jahren. (Pause) *Bevor ein neues Spiel angepfiffen wird, ist es manchmal nötig, erst mal durchzuatmen und wieder neue Luft zu holen.* (Pause)

Ich möchte mich gerne mit Ihnen darüber unterhalten, welche Bälle Sie gerade ins Spiel bringen und wie die Ausgangslage ist. Wo sind womöglich eine neue Leichtigkeit und Sprungkraft nötig, um wieder Dynamik ins Spiel zu bekommen?

Varianten

Wenn Sie eine stark männerlastige Führungsgruppe vor sich haben, ist der Ball ein ideales Stilmittel. (Sicher, so stereotyp kann man das nicht mehr sehen, es funktioniert trotzdem meistens sehr gut.) Eine Alternative stellt zum Beispiel ein Spaghetti-Stäbchen dar. Die rohen Spaghetti sind sehr gering belastbar. Wenn man sie ein bisschen zu weit spannt, brechen sie sehr schnell. Spaghetti müssen in einem für sie vorteilhaften Umfeld sein, damit sie ihre Flexibilität erreichen. Drücken Sie den Mitarbeitern dazu jeweils eine dünne Nudel in die Hand und lassen Sie sie den Flexi-Test machen: Wann hat die Nudel die bestmögliche Flexibilität? Was ist dazu nötig?

Mit dem platten Ball können Sie auch noch eine andere Diskussion anschieben: Ist er nur ohne Spannkraft oder ist er kaputt? Das ist auf den ersten Blick nicht so leicht auszumachen. Manchmal lohnt es sich, den Dingen (und auch Menschen!) eine Chance zu geben. Wer platt, müde, lustlos wirkt, braucht vielleicht noch eine andere

Unterstützung als gutes Zureden. Davon kommt der Ball nämlich auch nicht wieder ins Spiel.

Benötigtes Material & Setting

Material:	platter Ball
Setting:	Einzel- und Gruppensetting
Vorbereitung:	aus dem Ball fast alle Luft rauslassen, sodass er nicht mehr springt

Reflexionsfragen

- Wo ist bei Ihnen gerade die Luft raus?
- Was hat Sie an diesen Punkt gebracht?
- Was lässt sich ändern, um wieder ins Spiel zu kommen?
- Wie können Sie zukünftig auf den richtigen »Druck« achten?

Was mir als Idee dazu einfällt

2.8 Die Tageszeitung von letzter Woche – Warum Wissen immer weniger Bedeutung für Führung hat

Ziele & Einsatzmöglichkeiten

In der Vergangenheit gehörten Wissensvorsprung und Macht eng zusammen. Wer viel wusste, fühlte sich in einer überlegenen Position. Daher wurde Wissen in vielen Fällen auch nur so weit geteilt, wie es der eigenen Machtsicherung half. Auf Wissen als Wettbewerbsvorteil kann sich inzwischen kaum mehr jemand berufen. Zu schnell werden alte Weisheiten infrage gestellt und durch neue Erkenntnisse abgelöst. Führungskräfte werden zu neugierigen Nichtwissenden. Sie können in einer arbeitsteiligen Welt nicht mehr alles besser wissen. Überzeugen können Sie hingegen damit, wie Sie mit dieser Unsicherheit umgehen. Der Impact soll dem Mitarbeiter deutlich machen, dass sein Spezialistentum, das auf Faktenwissen gründet, keine ausreichende Basis mehr ist für erfolgreiche Führung. Sie gibt einen Anstoß, über die »weichen« Führungskompetenzen nachzudenken. Die Technik habe ich bisher nur im Einzelsetting eingesetzt.

Ablauf

Herr Schuster ist Leiter im Einkauf und blickt auf eine jahrzehntelange Berufserfahrung zurück. Seine Autorität gründet auf seinem Expertenwissen. Die Mitarbeiter wissen: *Wenn du nicht mehr weiterweißt, geh‹ zum Schuster.* Sie kennen aber auch das »Begossener-Pudel-Syndrom«. Herr Schuster kann seine Mitarbeiter schon mal alt aussehen lassen, wenn er wieder als Problemlöser die Wissenslücken stopft. Dann geizt er nicht mit abfälligen (non-)verbalen Bemerkungen. Die Mitarbeiter kommen sich dann vor wie ein »begossener Pudel«, wenn sie so heruntergeputzt werden. Sie haben sich dazu entschieden, mit Herrn Schuster ein Gespräch über seine »Wissen ist Macht«-Strategie zu führen.

Kennen Sie noch die Nachrichtenmeldungen der Tagesschau vom Montag letzter Woche, Herr Schuster? Die waren zum Zeitpunkt der Meldungen brandaktuell, aber jetzt interessiert sich kein Mensch mehr für die Nachrichten der letzten Woche. Warum eigentlich? (Pause) Lassen Sie Herrn Schuster ruhig ein paar Antworten liefern, ansonsten halten Sie einfach Blickkontakt und setzen dann fort …

Ich habe Ihnen hier eine Tageszeitung von letzter Woche hingelegt. Sie ist gerade einmal acht Tage alt. Die würde ich Ihnen gerne verkaufen zu dem abgedruckten Preis von

2,50 Euro. Wären Sie bereit, mir diese abzukaufen? Drücken Sie ihm die Zeitung in die Hand, er soll sie ruhig durchblättern und prüfen, welchen Wert sie für ihn hat. Gehört sie ins Altpapier?

Sehen Sie, Herr Schuster, ganz ähnlich ist das mit dem Wissen, das wir alle mit uns herumtragen. Das Allermeiste davon verliert schon nach kurzer Zeit seinen Wert. Viel zu wissen vermittelt immer ein Stück Sicherheit. Gleichzeitig ist Wissen, gerade in unserer schnelllebigen Zeit, extrem vergänglich. Was wir heute zu wissen glauben, wird in ein paar Tagen schon wieder korrigiert. Trotzdem tragen viele Menschen tonnenweise Altpapier in ihren Köpfen mit sich herum. Dabei kann es viel hilfreicher sein, sich eine gute Lernkompetenz anzueignen, statt Wissen zu sammeln. Für ein lebenslanges Lernen ist eine hohe Lernkompetenz wichtigste Grundlage.

Ich möchte mich mit Ihnen gerne darüber unterhalten, an welchen Stellen Sie Ihr Fachwissen erfolgreich einbringen können. Und ich möchte mit Ihnen darüber sprechen, wo »Nichtwissen« einen wertvollen Beitrag zur Entwicklung Ihrer Mitarbeiter leisten kann. Welchen Zusammenhang sehen Sie zwischen Ihrem Experten- und Erfahrungswissen und den Nachrichten der letzten Woche?

Varianten

Wenn Sie mit Ihrem Unternehmen schon länger am Markt sind, können Sie einen Teil Ihrer Geschichte auch durch Gegenstände symbolisieren. Damit visualisieren Sie eine Art »Timeline«, aus der Sie unterschiedliches Wissen ableiten: *Als wir vor fünfzig Jahren anfingen, waren wir überzeugt, dass … Einige Jahre später haben wir erkannt, dass es noch einen ganz anderen Weg gibt. Mit der neuen Generation der Geschäftsleitung haben wir dann ein ganz neues Vorzeichen gesetzt, nämlich … Und heute stehen wir vor der vielleicht größten Herausforderung unserer Unternehmensgeschichte, denn wir müssen alles in Frage stellen. Können wir sicher sein, dass unser heutiges Wissen zukunftstauglich ist?*

Mit solchen Zeitverläufen, die die Vergänglichkeit von Wissen abbilden, lassen sich Wandelprozesse sehr gut visualisieren. Ich nutze diese Technik sehr oft in Einzelcoachings, um biografische Brüche oder Trennungen (von Gewohnheiten, altem Wissen etc.) zu verdeutlichen.

Eine Variante ist auch, eine tagesaktuelle Zeitung als Gesprächsgrundlage zu nutzen. Sie können Ihren Mitarbeiter dazu einladen, einzelne Meldungen auf ihren Wert zu hinterfragen, den sie in acht Tagen, vierzehn Tagen, drei Monaten oder einem Jahr haben. Wäre er dann bereit, für die heutige Meldung den gleichen Preis zu bezahlen?

Auch Sprüche können ein guter Gesprächseinstieg in das Thema »Wissen ist Macht« sein. Zum Beispiel: »Was stört mich heute mein Geschwätz von gestern?«, oder: »Was kann ich dafür, dass ich heute schlauer bin als gestern?«, oder: »Ich weiß, dass ich nichts weiß«. Impacts sind nicht immer Objektinszenierungen. Sie können Wow-Effekte auch durch gut platzierte Sprüche oder Geschichten erzielen. Impacts sind nachhaltige Eindrücke, keine aufwendigen Pyrotechniken.

Benötigtes Material & Setting

Material:	alte Tageszeitung
Setting:	Einzelsetting
Vorbereitung:	alte Tageszeitung besorgen und zur Hand legen

Reflexionsfragen

- Gibt es etwas, von dem Sie absolut sicher sein können?
- Wofür sind Zweifel gut?
- Was müsste passieren, damit Sie Ihre Überzeugung aufgeben?
- Was hat es zur Folge, wenn Sie an Ihrem Wissen dauerhaft festhalten?

Was mir als Idee dazu einfällt

2.9 Am ausgestreckten Arm – Wie die Dinge schwerer werden, wenn wir lange an ihnen festhalten

Ziele & Einsatzmöglichkeiten

»Es sind nicht die Dinge selbst, die uns beunruhigen, sondern die Vorstellungen und Meinungen von den Dingen.« (Epiktet) Dieses Zitat ist eine schöne Brücke zu unserem nächsten Impact. Es sind nämlich nicht objektive Kriterien, die unsere Wahrnehmung prägen, sondern unser inneres Erleben. Wir geben den Dingen also eine Wahrheit und meinen dann oft, die Welt sei so. Wir verwechseln unsere Wahrheit mit der Realität. Die hier präsentierte Technik ist nicht mehr ganz taufrisch. Sie wird aber im Führungskontext kaum eingesetzt. In meinen Führungskräfteseminaren hat auf jeden Fall noch nie ein Teilnehmer diesen Impact als Idee vorgestellt. »Am ausgestreckten Arm« macht sehr schön deutlich, dass Veränderung in uns selbst stattfindet: durch unsere Gedanken, unsere Gefühle und unser körperliches Empfinden. Wir projizieren diese Veränderung allerdings oft auf unsere Umwelt, gelegentlich mit folgenschweren Auswirkungen. Den Impact können Sie sowohl im Einzelcoaching, in Teamsettings als auch als Bühnenimpact vor größerem Publikum einsetzen. Bei mehreren Teilnehmern finde ich es sehr spannend, wie die Beobachter auf den Protagonisten reagieren. Mit fortschreitender Zeit kann das sehr lustig werden.

Ablauf

Frau Naumann regt sich gelegentlich auf. So menschlich, so gut. Sie hat eine besondere Kompetenz, sich in Dinge hinein zu steigern und dann möglichst lange daran festzuhalten. Gelegentlich kommen dann schon mal Anmerkungen aus dem Kollegenkreis: »Jetzt muss aber auch mal gut sein«, oder: »Steigere dich doch nicht immer so da rein«. Auch dem Vorgesetzten ist das erhitzte Gemüt von Frau Naumann schon öfter aufgefallen. Sie kann sich an Dingen festbeißen, manche Kollegen finden sie extrem nachtragend. Die Führungskraft nutzt deshalb eine Situation in ihrem Büro, um Frau Naumann mit einem Impact auf die Beobachtungen aufmerksam zu machen.

Sie sind mit großem Engagement dabei, Frau Naumann, mit Hand, Kopf und auch mit vollem Herzen. Ich würde Sie gerne mal eine kleine Selbsterfahrung machen lassen, sagen wir ein Experiment in Ihrer tragenden Rolle. Danach können wir dann über den Hintergrund und Ihre Erfahrung sprechen. Wären Sie dabei? (Einverständnis der Mitarbeiterin einholen.)

Prima. Dankeschön. Ich bitte Sie, dieses bereitgestellte leere Glas Wasser in die Hand zu nehmen. – Nun halten Sie es bitte fest und strecken Sie den Arm dabei aus. Mehr brauchen Sie gar nicht zu tun. Sie sehen, die Übung ist ziemlich einfach. – Ich schütte nun etwas Wasser in das Glas und Sie halten es bitte weiter. So lange, bis das ich Stopp sage.

Der Vorgesetzte schüttet das Glas voll und setzt die Flasche ab.

Was denken Sie, Frau Naumann, wie schwer ist dieses Glas jetzt? (Pause) Nachdem die Mitarbeiterin das Gewicht geschätzt hat, fährt der Vorgesetzte fort:

Das klingt realistisch. Wenn wir so ein Glas Wasser in der Hand halten, machen wir uns selten Gedanken darüber, welches Gewicht wir gerade zum Mund führen. Meistens geht es uns ja darum, unseren Durst zu löschen, da haben solche Nebensächlichkeiten gar keine Bedeutung. (Pause) *Im Arbeitsalltag sind es ja auch seltener Gläser, die wir festhalten. Meistens tragen wir etwas anderes mit uns herum: Meinungen, Urteile, Bewertungen, Vorannahmen usw.* (Pause) *Woran wir schwer zu tragen haben, ist seltener ein Objekt als vielmehr eine gefühlte Last, die sich zu einer Belastung entwickeln kann.* (Pause) Der Vorgesetzte streckt die philosophische Abhandlung über Wahrnehmung, Gewicht und Last noch eine ganze Weile. Dann fragt er:

Wie schwer ist das Glas jetzt?

Meistens lachen die Mitarbeiter dann schon, weil es sich mit der Zeit immer schwerer anfühlt. Der Vorgesetzte hält Frau Naumann aber noch ein wenig in ihrer Empfindung.

Ja, halten Sie ruhig noch einen Moment durch, Frau Naumann, denn das ist Teil unseres Experiments. Wir spielen natürlich mit der Zeit, um zu sehen, wie sich die Wahrnehmung ändert, obwohl sich an den Bedingungen nichts ändert. (Pause) *Unser eigenes Erleben hat einen ganz wesentlichen Einfluss darauf, wie wir die Dinge um uns herum wahrnehmen. Das hängt von unserer Stimmung ab, von unserer Perspektive, von unserer Kraft und Ausdauer, von unseren Bedürfnissen. Obwohl sich rein faktisch gar nichts ändert, können wir subjektiv zu ganz anderen Einschätzungen kommen. Die Veränderung liegt in uns.* (Pause)

Wie schwer ist das Glas in Ihrer Hand jetzt?

Als Frau Naumann signalisiert, dass ihr bald der Arm abfällt, bittet der Vorgesetzte sie, das Glas auf dem Tisch abzustellen.

Wie geht es Ihnen? (Pause) *Was kann dieser kleine Selbstversuch über Ihr inneres Erleben aussagen, wenn Sie mal wieder besonders stark und lange mit Ihrem Herzen bei der Sache sind? Wann fängt es bei Ihnen an, schwer zu werden, obwohl sich an den Fakten gar nichts geändert hat? Wie lange halten Sie an den Dingen fest, bis es anfängt, für Sie schwer zu werden?*

Als Vorgesetzter geben Sie der Mitarbeiterin ausreichend Zeit, sich über die Fragen Gedanken zu machen und eigene Antworten zu finden. Schießen Sie kein Fragen-Feuerwerk ab, sonst fallen wichtige Erkenntnisse womöglich hinten runter.

Varianten

Anstelle eines Wasserglases können Sie natürlich alle anderen Gegenstände nehmen, die sich gerade in der Nähe befinden. Vorteilhaft ist es, wenn Sie irgendeinen Bezug zum Thema herstellen und ein bisschen über den Gegenstand erzählen können. Bei dieser Technik ist es wichtig, dass Sie die Zeit mit sinnvollen Worten bzw. einer guten Geschichte füllen. Sonst fragt sich die Mitarbeiterin bald: Worauf will er eigentlich hinaus?

Sie leiten also das dahinterliegende Thema durch Ihren sprachlichen Spannungsbogen ein .

Hier noch eine schöne Ergänzung:

Wenn die Mitarbeiterin ihre Erschöpfung signalisiert, fordern Sie sie auf, sich zu entlasten. In den meisten Fällen ziehen die Probanden dann den Arm vor die Brust, damit die Spannung aus dem Gelenk geht und die lange Hebelwirkung aufgehoben ist. Sie können nach dieser Beobachtung den Vorschlag anschließen: Wie wäre es, wenn Sie das Glas einfach mal abstellen, Ihren Arm lockern und dann mit etwas Abstand auf das Wasserglas schauen und sich fragen, was es mit dieser Wahrnehmung sonst noch so auf sich hat?

Durch diese Verlängerung regen Sie zusätzlich dazu an,

- Abstand herzustellen,
- die Hände wieder frei zu machen (um neu zupacken zu können!),
- einen erweiterten Blick zu schaffen.

Benötigtes Material & Setting

Material:	Wasserglas, Flasche Wasser
Setting:	Einzelsetting; nahezu an jedem Ort
Vorbereitung:	keine, allerdings ist sprachliche Kreativität gefragt, um die Zeit sinnvoll zu füllen

Reflexionsfragen

- Woran halten Sie schon auffallend lange fest?
- Woran haben Sie schwer zu tragen?
- Was könnten Sie aus der Hand geben und aus der Distanz betrachten?
- Was erleben Sie heute als schwerer, obwohl es objektiv genauso leicht wie früher ist? Woran mag das liegen?

Was mir als Idee dazu einfällt

2.10 Keine Frage des Alters – Alt und neu, aber gleich viel wert

Ziele & Einsatzmöglichkeiten

Dinge werden nicht automatisch schlechter, nur weil sie alt sind. Im Gegenteil: Mancher Wert steigt, je älter der Jahrgang ist. Denken Sie nur an einen hervorragenden Wein. Die Botschaft, das Alte zu würdigen und den Wert hinter den Dingen zu erkennen, wird mit dieser Impact-Technik sehr schön deutlich. Ziel ist es, den Mitarbeiter für die Gleichwertigkeit von Menschen (und auch Beiträgen, Meinungen …) zu sensibilisieren. Da bei dieser Technik kleine Münzen zum Einsatz kommen, sollte das Setting eher in einem kleineren Rahmen stattfinden.

Ablauf

Die Impact-Technik stellte mir ein Seminarteilnehmer vor. Martin Stehli ist Sozialpädagoge und arbeitet als Dozent an der Berufsfachschule Bern (BFF). Zusammen mit seinen Studierenden Tabea Rai, Andrea Gartmann und Bettina Zingg entwickelt er Impacts für die Arbeit in Familiensystemen. Viele der Interventionen aus dem Familienkontext lassen sich sehr gut für den Führungsalltag nutzen. Daher möchte ich Ihnen den tollen Impact leicht abgewandelt hier vorstellen:

Ihrem Mitarbeiter Herrn Klein fällt es ausgesprochen schwer, unterschiedliche Meinungen gleichwertig nebeneinanderzustellen. Besonders fällt Ihnen auf, dass er Vorurteile gegenüber älteren Mitarbeitern hat, weil er deren Arbeitsweise für »überholt« und »realitätsfern« hält. Herr Klein hat deswegen bei diversen Mitarbeitern inzwischen den Spitznamen »Klugscheißer« weg. Einerseits schätzen Sie seine neuen Impulse, andererseits möchten Sie Ihn für fremde Werte empfänglicher machen:

Herr Klein, ich habe hier verschiedene Ein-Euro-Münzen vor Ihnen ausgelegt. Schauen Sie sich die Münzen mal in aller Ruhe an. (Pause) *Nehmen Sie die Münzen ruhig in die Hand, wenden Sie sie und achten Sie auch auf die Details.* (Pause)

Was fällt Ihnen an den Münzen auf? Wo sind sie gleich? Worin unterschieden sie sich? (Pause) Der Mitarbeiter soll nun möglichst detailliert beschreiben, was er an Gemeinsamkeiten und Unterschieden wahrnimmt. Zunächst fällt ihm auf, dass es unterschiedliche Ländereditionen gibt. Er findet deutsche, französische und spanische Münzen in der Sammlung.

Das ist sehr richtig. Es gibt eine ganze Reihe unterschiedlicher Kulturen in dieser Münzsammlung. Welchen Wert hat nun jede dieser Münzen? (Pause) Der Mitarbeiter wird sich klar darüber, dass der Wert völlig unabhängig von der Herkunft ist. Jede Münze ist gleich stark, hat die gleiche (Kauf-)Kraft. Geben Sie hier unbedingt Zeit, diese Aussage nachwirken zu lassen!

Ich bitte Sie aber, nochmal ganz genau hinzuschauen, ob Ihnen noch etwas anderes auffällt. Etwas, das gar nicht direkt ins Auge springt. (Pause) Der Mitarbeiter schaut sich die Münzen erneut an. Vielleicht entdeckt er den kleinen, feinen Unterschied? Dann soll er ihn selber benennen. Ansonsten helfen Sie ihm:

Jede dieser Münzen hat auf der Rückseite unter dem Ländersymbol eine Jahreszahl, das Geburtsjahr. Es ist der Jahrgang dieser Münze. Einige Münzen sind ganz neu, andere sind schon viele Jahre alt. Und auch hier stelle ich Ihnen die Frage: Welchen Wert hat nun jede dieser Münzen? (Pause) Lassen Sie den Mitarbeiter auch wieder selber die Antwort liefern.

Sie haben natürlich Recht: Der Wert dieser Münzen hängt weder von der Herkunft noch vom Alter ab. Sie haben alle den gleichen Wert, gehören alle zur gleichen Währung. Die Unterschiede sind manchmal gar nicht so offensichtlich und fallen erst bei genauem Hinsehen ins Auge.

Wenn Sie nun einen Bogen spannen zwischen dem Wert dieser Münzen und dem Wert jedes einzelnen Mitarbeiters in Ihrem Team: Was ändert sich an Ihrer Wahrnehmung?

Varianten
Sie können natürlich statt mit Münzen auch mit Geldscheinen arbeiten. Beim Papier werden die Gebrauchsspuren noch besser deutlich. Tragen Sie eine kleine Mischung zusammen aus neuen und alten Geldscheinen sowie aus unterschiedlichen Ländern.

Über die Kaufkraft des Geldes können Sie auch in ein Gespräch einsteigen zum Thema »Bedürfnisse und Werte«. Drücken Sie dem Mitarbeiter einen Zehn-Euro-Schein in die Hand. Er soll sich nun entscheiden, was er dafür kaufen würde. Er kann frei entscheiden. Wenn er seine Wahl getroffen hat, fragen Sie ihn, warum er nicht die Leistung X, Y oder Z kaufen würde. Ihm soll durch dieses, zugegeben etwas provokative, Gespräch deutlich werden, dass es unterschiedliche Bedürfnisse und Werte gibt. Schließen Sie die Frage an: »Was sagt das nun über die Qualität der Käufer aus?«

Vielleicht erinnert Sie der Impact auch an Ihre Lieblingsstücke im Kleiderschrank. Manche Teile sind einfach unbezahlbar, obwohl sie schon uralt und völlig aus der Mode sind. Aber wir verbinden damit schöne Erinnerungen und gute Gefühle. Fragen Sie Ihren Mitarbeiter nach solchen »alten Fetzen« und warum sie ihm so wertvoll sind.

Benötigtes Material & Setting

Material:	verschiedene Ein-Euro-Münzen
Setting:	Einzelsetting
Vorbereitung:	Euro-Münzen unterschiedlicher Herkunft und Jahrgänge raussuchen

Reflexionsfragen

- In welcher Währung zahlen Sie, wenn Sie Äpfel mit Birnen vergleichen?
- Was können Sie von »den anderen« lernen?
- Welche Überzeugung müssten Sie aufgeben, um Gleichwertigkeit herzustellen?
- Was geht Ihnen verloren, wenn Sie nur eine Seite favorisieren?

Was mir als Idee dazu einfällt

2.11 Mit einem Euro geht's los – Aus der Grübelfalle aussteigen

Ziele & Einsatzmöglichkeiten

Manche Menschen tun sich unglaublich schwer mit ihrer Potenzialentfaltung. In ihnen steckt viel Kraft, die sie aber kaum einsetzen. Dabei ist alles, was wir tun, ein Einsatz, der gelegentlich sogar Risiken birgt. Wir zahlen immer einen Preis, ob wir etwas tun oder lassen. Der Gedanke folgt dem »Homo oeconomicus«, der wirtschaftlich denkt und in Preis-Leistungs-Kategorien differenziert. Dieser Impact soll an die Einsatzbereitschaft und den damit verbundenen Preis erinnern. Wie könnte das besser gelingen als wieder mit Geldstücken? Auch hier empfehle ich das kleine Setting von Mitarbeiter und Vorgesetztem. Sie können den Impact dann bei nahezu jeder Gelegenheit einbringen, wenn es um die Themen »Einsatzbereitschaft«, »Risikobereitschaft« oder »Entschlussfreude« geht.

Ablauf

Ihrer Mitarbeiterin fällt es offensichtlich schwer, Entscheidungen zu treffen. Aus dem Abwägen des Für und Wider kommt sie schlecht heraus, dadurch vermeidet sie den ersten Schritt. Sicher steckt dahinter auch die Angst, Verantwortung zu übernehmen, die Konsequenzen einer Entscheidung zu tragen. Sie haben sich als Vorgesetzter dazu entschlossen, mit ihrer Mitarbeiterin über das Thema »Eine Entscheidung treffen« ins Gespräch zu kommen. Dazu liegen bereits einige Euro-Münzen unterschiedlicher Herkunftsländer auf einem Tisch bereit:

Ich habe Ihnen hier ein paar Euro-Münzen hingelegt, Frau Bauer. Schauen Sie sich die Münzen einfach mal in Ruhe an. Sie sind unterschiedlich, weil sie jeweils aus einem anderen Euroland kommen. Auch die Prägedaten sind verschieden. Jede Münze hat eine eigene Geschichte. (Pause) Lassen Sie die Mitarbeiterin die Münzen ruhig einige Zeit anschauen und auch in die Hand nehmen. Unterstützen Sie den Impact-Eindruck neben der optischen Komponente auch noch durch die Haptik der Geldstücke.

Sie sind es gewohnt, sich durch Ihre Arbeit Ihren Lebensunterhalt zu verdienen. Ich wünsche Ihnen immer ausreichend Euros in der Tasche, um ein gutes Leben führen zu können. Wofür auch immer Sie Ihr Geld ausgeben, es soll (zumindest weitgehend) Ihre Ent-

scheidung sein. (Pause) *Stellen Sie sich vor, Sie stehen nun in einem Laden und möchten sich für einen Euro etwas kaufen. Sie kommen an die Kasse, öffnen Ihr Portemonnaie und finden diese Auswahl an Euro-Münzen darin. Für welches Geldstück werden Sie sich entscheiden?* (Pause)

Wahrscheinlich wird sich die Mitarbeiterin äußern, dass sie sich diese Frage gar nicht stellt, weil ja alle Münzen gleich viel wert sind. Sie greift einfach nach einer Euro-Münze und zahlt damit den geforderten Preis für die gewünscht Leistung.

Schauen Sie, Frau Bauer, genauso ist es auch bei der Vorbereitung von Entscheidungen im Berufsalltag. Irgendwann kommen wir an einen Punkt, da haben wir vergleichbare Werte nebeneinander, obwohl Sie immer noch die Wahl haben. Und genauso entschlossen, wie Sie nach der Münze greifen, heißt es dann, auch hier eine Investition zu tätigen. Die anderen Euro-Münzen können Sie später immer noch für andere Bedürfnisse ausgeben. Und auch die Entscheidungen, die sie gerade nicht getroffen haben, stehen Ihnen nach wie vor als Potenzial zur Verfügung. Gegen-Entscheidungen sind womöglich die Lösungen von morgen, wenn wir es besser wissen. Mit einer Entscheidung legen Sie sich nicht auf ewig fest, schon gar nicht in einer so kurzlebigen, agilen Arbeitswelt, in der wir leben. Entscheidungen sind Richtungsweiser auf Zeit. (Pause) *Wie denken Sie darüber?*

Varianten

Der Begriff »Richtungsweiser« hält bereits als Metapher wieder eine Möglichkeit bereit, die Themen »Entscheidungsfreude« oder »Risikobereitschaft« zu behandeln. Sie können zum Beispiel mit einer Bahnweiche aus Holz prima eine Entscheidungssituation visualisieren. Schauen Sie mal in die Spielzeugsammlung Ihrer Kinder, da findet sich häufig gutes Material für die Arbeit mit Impact-Techniken. Notfalls tut es aber auch eine Zeichnung am Flipchart, auf der eine Straße mit Abbiegespur zu erkennen ist. Bauen Sie das Bild aus: *Stellen Sie sich vor, Sie kommen an diese Kreuzung und Ihr inneres Navigationssystem hat gerade seinen Geist aufgegeben. Nach welchen Kriterien entscheiden Sie dann an dieser Stelle? Wie verhalten Sie sich, wenn Sie nach etlichen Kilometern das Gefühl überkommt, nicht mehr auf der richtigen Straße zu sein? Umkehren? Weiterfahren bis zur nächsten Beschilderung?* Sie können die Analogie zum Verkehr beliebig weiter ausbauen, weil es hier ständig die Notwendigkeit gibt, Entscheidungen zu treffen.

Benötigtes Material & Setting

Material:	verschiedene Ein-Euro-Münzen
Setting:	Einzelsetting
Vorbereitung:	Euro-Münzen unterschiedlicher Herkunft und Jahrgänge raussuchen

Reflexionsfragen

- Welche Entscheidung schieben Sie gerade vor sich her?
- Welchen Preis hat es, wenn Sie die Entscheidung (nicht) treffen?
- Wie gehen Sie mit »falschen« Entscheidungen um?
- Welche »Gegen-Entscheidung« liegt bei Ihnen noch auf Reserve, weil sie nochmal aktuell werden kann?

Was mir als Idee dazu einfällt

2.12 Abschluss mit Knalleffekt – Sich verabschieden und loslassen

Ziele & Einsatzmöglichkeiten

Dieser Impact ist vielleicht der typischste, wenn es um das Thema »Führen mit Knalleffekt« geht. Luftballons zählen bei mir zu den sehr gängigen Impact-Mitteln. Sie sind schlicht, passen in jede Hosentasche, sind schnell in Form gebracht und bieten eine große Bandbreite an Einsatzmöglichkeiten. Die hier vorgestellte Technik ist eine Art »Basic«. Das Aufblasen und Knallenlassen eines Luftballons ist wohl den meisten Leuten vertraut. Wie schlimm ist es für Kinder, wenn ein bunter Ballon plötzlich platzt und er sich förmlich in Luft auflöst! Was zurückbleibt, ist nur noch ein Stückchen nutzloser Gummi. Mit der hier vorgestellten Ballontechnik verdeutliche ich das Abschiednehmen von liebgewonnenen Gewohnheiten. Aber auch »zerplatzte Träume« oder unrealistische Ziele können mit Luftballons hervorragend visualisiert werden. Sie können die Technik sowohl im Einzelgespräch als auch vor Teams oder großem Publikum einsetzen. Gerade auf der Bühne können Sie mit dem Aufblasen und Platzenlassen viel Aufmerksamkeit erzeugen. Nutzen Sie dafür ruhig große Ballons. Die kosten zwar etwas mehr Puste, schaffen aber einen besonderen Blickfang und Knalleffekt.

Ablauf

Einem Ihrer Mitarbeiter fällt es besonders schwer, sich auf die neuen agilen Formen der Zusammenarbeit einzulassen. Obwohl Sie Agilität nicht von oben nach unten »verordnet« haben, sondern sehr bedacht den Prozess mit allen Mitarbeiterinnen und Mitarbeitern gestalten, trauert er der »guten alten Zeit« nach: »Früher wusste man halt, woran man ist und was einen erwartet«, ist einer seiner Kommentare zu den Veränderungen. Als sein Vorgesetzter nehmen Sie seine Sorgen und Ängste sehr ernst und versuchen, durch ressourcenorientierte Kommunikation seiner Skepsis entgegenzuwirken. Sie haben ihn zu einem Gespräch in Ihr Büro gebeten.

Herr Schilling, wir haben in den letzten anderthalb Jahren viel von dem infrage gestellt, was uns in der Vergangenheit erfolgreich gemacht hat. Sie haben entscheidend dazu beigetragen, dass wir die Erfolgsgeschichte des Unternehmens so konsequent weiterschreiben konnten. Etliche der bewährten Erfolgsrezepte werden wir pflegen und weiterentwickeln. Dazu gehören zum Beispiel die Konzentration auf unsere Kernkompetenzen, der Ausbau unserer Kundencenter vor Ort sowie die permanente Qualifikation unseres Teams. Von einigen Überzeugungen haben wir uns getrennt: (Pause) Nun greifen Sie zum Luftballon und blasen jedes Mal kräftig hinein, wenn er einen »Abschied« aufgezählt hat:

- *die strikte Trennung in Bereiche und Abteilungen,*
- *die Förderung von Spezialistenwissen,*
- *die Leistungsprämien für Einzelziele,*
- *die Ausrichtung am Produkt statt am Kunden,*
- *die dauerhafte Kopplung von Führungsverantwortung an einzelne Mitarbeiter.*

Nachdem Sie den Ballon durch fünf Luftstöße aufgeblasen haben, knoten Sie ihn zu und halten ihn demonstrativ und gut sichtbar in Augenhöhe.

Veränderungsprozesse wirken immer in zwei Richtungen: Wir lassen etwas zurück und gewinnen etwas Neues hinzu. Manchmal ist das nicht so ganz einfach, wenn das Alte noch so vertraut und das Neue noch so ungewohnt ist. Und trotzdem: Veränderung gelingt nur, wenn man sich entscheidet, loszulassen. (Pause) Nun holen Sie eine Nadel und lassen den Ballon vor den Augen des Mitarbeiters platzen. (Pause)

Manche Menschen tun sich schwerer damit als andere, weil die Vergangenheit ein Teil von ihnen ist. Ich verstehe das, denn die Vergangenheit prägt uns. »Wir können das Leben nur rückwärts verstehen und vorwärts leben«, sagt ein Sprichwort. Nun habe ich hier für Sie Kleber bereitgestellt, Herr Schilling. Bitte versuchen Sie doch mal, den zerplatzten Luftballon zu kleben, damit er wieder in seine alte Form kommen kann. (Pause) Der Mitarbeiter wird dieses Angebot als unrealistisch abtun.

Sie haben vollkommen recht. Das Alte wird es so nicht mehr geben. Wir können dem noch eine Zeit lang nachtrauern und tun dann gut daran, Luft zu holen und uns neue, zukunftsfähigere Projekte zu suchen. Ich möchte gerne mit Ihren darüber sprechen, wo Sie Ihre Luft hineinstecken, wo Ihnen vielleicht noch der Atem stockt oder die Puste ausgeht. Und dann lassen Sie uns darüber reden, was für Sie ein richtig guter Knaller wäre, um die anstehenden Veränderungen zuversichtlich anzugehen.

Varianten

Wenn Sie etwas Vorbereitungszeit investieren können, dann gibt es eine tolle alternative Inszenierung:

Füllen Sie einen Ballon mit Helium, das es inzwischen in kleinen Flaschen fast überall zu kaufen gibt. (Den Rest der Flasche können Sie bei der nächsten Firmenfeier gut einsetzen.) Nun beschriften Sie den Ballon in kurzen Notizen mit den »alten« Regeln und Gewohnheiten, die Sie hinter sich gelassen haben. Verstauen Sie den gefüllten und beschrifteten Ballon noch unsichtbar in einem Schrank oder unter dem Schreibtisch. (Da hängt er ja jetzt von alleine!). Nun führen Sie das Gespräch wie oben beschrieben. Wenn Sie dann an den Punkt der »alten Zöpfe« kommen, holen Sie den Ballon hervor und erwähnen kurz die notwendigen Veränderungen. Dann öffnen Sie das Fenster und lassen den mit Gas befüllten Ballon fliegen. Sie verzichten hier zwar auf den Knalleffekt und den Reparaturversuch. Aber das Verschwinden des Ballons und das Hinterherschauen haben eine besonders intensive Wirkung. Anschließend setzen Sie das Gespräch wie oben fort.

Eine Alternative zum knallenden Luftballon: beschriftete Brötchentüten, die Sie aufblasen und knallen lassen.

Benötigtes Material & Setting

Material:	Luftballon, Nadel, Kleber
Setting:	Einzelsetting; Besprechungsraum
Vorbereitung:	keine

Reflexionsfragen

- Woran hängen Sie noch immer fest?
- Was befürchten Sie, wenn Sie die alten Überzeugungen aufgeben?
- Was hätte es für Konsequenzen, wenn Sie an der alten Überzeugung festhielten?
- Welche Voraussetzungen müssen erfüllt sein, um endgültig Abschied nehmen zu können?

Was mir als Idee dazu einfällt

2.13 Ausgequetscht – Es ist leichter, etwas zu behalten, als etwas zu vergessen

Ziele & Einsatzmöglichkeiten

Viele Vorgesetzte unternehmen große Anstrengungen, um Wissen in die Köpfe ihrer Mitarbeiter zu bekommen. Von kreativen Workshops bis hin zu Belehrungen wird die ganze Klaviatur der »Beschulung« rauf- und runtergespielt. Meiner Erfahrung nach ist es eine viel größere Herausforderung, altes Wissen, alte Überzeugungen aus den Köpfen herauszubekommen. Wissensballast erschwert oft die Hinwendung zu neuen Perspektiven und Möglichkeiten – oft verhindert er sogar jegliche Entwicklung. Der Vergleich mit einer ausgequetschten Zahnpastatube soll auf diese Schwierigkeit aufmerksam machen. Sie können Ihren Mitarbeiter mit dieser Impact-Technik anregen, über seine Energieeinsatz-Nutzen-Bilanz nachzudenken. Aufgrund der relativ kleinen Tube eignet sich die Technik in erster Linie für ein Einzelsetting oder eine kleine Gruppe.

Ablauf

Ihrem Mitarbeiter fällt es schwer, sich auf neue Ideen einzulassen. Er fühlt sich extrem unwohl, wenn er alte, durchaus hilfreiche Überzeugungen infrage stellen oder sogar aufgeben soll. Sein Motto: Was in der Vergangenheit funktioniert hat, kann in Zukunft ja nicht verkehrt sein. Als Vorgesetzter haben Sie sich entschieden, mit ihm über die Macht dieser alten Überzeugungen zu sprechen. Dazu haben Sie den Mitarbeiter in Ihr Büro eingeladen.

Schön, dass Sie einen Moment Zeit haben, Herr Hofmann. Ich hatte Ihnen gesagt, dass ich mit Ihnen über die anstehenden Veränderungen in unserer Organisation sprechen möchte. Dazu habe ich ein kleines Experiment vorbereitet. Sind Sie dabei? (Pause)

Hier vor Ihnen liegt eine volle Tube Zahnpasta. Ich bitte Sie, einen Teil davon auf dieses Taschentuch auszudrücken. Ganz so, als würden Sie die Zahncreme auf eine Zahnbürste drücken. (Pause) Der Mitarbeiter drückt etwas Zahncreme aus. (Pause)

War das jetzt eine schwere Übung für Sie, Herr Hofmann? (Pause) *Es ist ziemlich einfach, den Inhalt rauszuquetschen. Wir können mit etwas Druck auf die Tube die Creme leicht in Richtung Öffnung schieben.* (Pause)

Nun kommen wir zum zweiten Teil des Experiments. Ich bitte Sie, die Zahncreme hier auf dem Tuch wieder durch die Öffnung zurück in die Tube zu schieben. Also einfach ein Richtungswechsel. Zuerst raus damit, jetzt rein damit. (Pause)

Der Mitarbeiter wird mit dem Versuch, die Creme zurück in die Tube zu bringen, scheitern. Womöglich wird er es nicht einmal versuchen, weil er das Befüllen für unmöglich hält.

Schauen Sie, was in die eine Richtung sehr gut und einfach funktioniert, scheint in die andere Richtung sehr viel schwieriger zu sein. Bei der Zahnpastatube geht es leicht raus, aber sehr viel schwerer wieder rein. Bei der Einführung von Veränderungen wollen wir ja auch oft »auf die Tube drücken« – Ergebnisse und Erfolge sollen sichtbar werden. Allerdings ist es in Veränderungsprozessen oft genau anders herum. Es ist viel leichter, Argumente und Wissen in die Köpfe zu bekommen, als alte Überzeugungen und liebgewonnene Traditionen aus den Köpfen heraus. Da nützen auch kein Drücken und Quetschen. Ich stelle mir die Frage, welche Voraussetzungen für Sie erfüllt sein sollten, damit Sie sich, wie hier im Experiment, auf das Experiment der Veränderung einlassen können. Welche bisher überzeugenden Inhalte in Ihrem Kopf (der wäre jetzt die Tube) könnten wir gemeinsam auf Gültigkeit hin prüfen, um Platz zu machen für neue Inhalte?

Varianten

Ob Zahnpastatube oder Senftube, die Wirkung ist ähnlich. Bedienen Sie sich also durchaus in Ihrer Küche oder Kantine, um diesen Impact schnell umzusetzen.

Sie können die Technik natürlich auch in die andere Richtung einsetzen: Wenn einer Ihrer Vorgesetzten auf Biegen und Brechen versucht, seine Meinung in die anderen »hineinzupflanzen«, dann entsteht unter dem Strich nur eine große Sauerei. Lassen Sie dazu den Mitarbeiter tatsächlich probieren, den Inhalt zurück in die Tube zu bringen. Sie können im Anschluss mit ihm darüber sprechen, wo es Parallelen gibt zwischen diesem Versuch und seinen Anstrengungen, seine Meinung zur Meinung der Mitarbeiter zu machen: »Der Hals ist dünn und die Mitarbeiter womöglich wenig offen.«

Eine weitere Variante ist der »Sparschwein-Effekt«. Lassen Sie den Mitarbeiter einen Geldschein in das Sparschwein werfen. Dann soll er den Schein durch den Schlitz des Sparschweins wieder nach draußen befördern. Eine fast unmögliche Aufgabe. Auch hier bietet sich ein Gespräch über die Schwierigkeit an, »alte« Werte nach außen zu bringen und Platz zu schaffen für neue Investitionen.

Benötigtes Material & Setting

Material:	Zahnpastatube, Taschentuch
Setting:	Einzelsetting oder kleine Mitarbeiterrunde
Vorbereitung:	keine

Reflexionsfragen

- An welchen Werten möchten Sie auch zukünftig festhalten?
- Welche Sicherheit brauchen Sie, um eine alte Überzeugung (testweise) aufzugeben?
- Wie bekommen Sie Ihren Kopf »leer«?
- Wie verankern Sie neues Wissen/neue Erfahrungen besonders gut?

Was mir als Idee dazu einfällt

2.14 Schwer zu planen – Die Dynamik von Wachstum und Veränderung verstehen

Ziele & Einsatzmöglichkeiten
Wir leben in einer dynamischen Zeit. Schnelligkeit und Vergänglichkeit werden besonders in der Wirtschaft spürbar. Was heute Gültigkeit hat, ist morgen schon ein alter Hut. Alles ist im Fluss. Wir können kaum mehr einschätzen, wie sich Prozesse entwickeln. Umso nötiger wird ein permanentes Nachjustieren an den Zielen und Arbeitsweisen. Hätten wir vor zehn Jahren gedacht, wie viele Menschen ein Smartphone nutzen werden? War es vor zehn Jahren vorstellbar, wie groß das gespeicherte Datenvolumen heute sein wird?

Der Impact unterstützt dabei, die unkalkulierbare Dynamik bewusst zu machen. Und er ermutigt, sich dieser Ungewissheit entschlossen zu stellen. Eine wichtige Voraussetzung in unserer VUKA-Welt.

Kurze Geschichten wie die des indischen Herrschers Shihram eignen sich hervorragend, um Botschaften zu verankern. Es müssen nicht immer Objektinszenierungen sein. Die Story als Rahmen ist das tragende Gerüst. Nutzen Sie daher unbedingt gute Geschichten als Impact-Techniken, die sich oft natürlich durch ein zusätzliches Symbol ergänzen lassen.

Ablauf
Der Vorgesetzte hat den Mitarbeiter zu einem Gespräch in sein Büro gebeten. Die beiden nehmen an einem runden Tisch Platz. (Bitte unterschätzen Sie nie das Setting! Es macht einen erheblichen Unterschied, ob Sie einen Impact wie diese Geschichte »über den Cheftisch hinweg« erzählen oder in gemütlichen Sesseln in einer netten Ecke des Raumes.)

Mit welcher Veränderungsdynamik wir konfrontiert werden, daran habe ich vor zwei Jahren selbst nicht geglaubt. Garagenideen verändern die komplette Weltwirtschaft, Wissen potenziert sich immer schneller und die Verbreitung von neuen Technologien erfolgt in immer kürzeren Zeiten. Dazu ist mir eine Geschichte eingefallen, die ich Ihnen gerne erzählen möchte:

> Der indische Herrscher Shihram tyrannisierte seine Untertanen und stürzte sein Land in Not und Elend. Um die Aufmerksamkeit des Königs auf seine Fehler zu lenken, ohne seinen Zorn zu entfachen, schuf Dahirs Sohn, der weise Brahmane Sissa, ein Spiel, in dem der König als wichtigste Figur ohne Hilfe anderer Figuren und Bauern nichts ausrichten kann. Der Unterricht im Schachspiel machte auf Shihram einen starken Eindruck. Er wurde milder und ließ das Schachspiel verbreiten, damit alle davon Kenntnis nähmen. Um sich für die anschauliche Lehre von Lebensweisheit und zugleich Unterhaltung zu bedanken, gewährte er dem Brahmanen einen freien Wunsch. Dieser wünschte sich, ganz bescheiden, eine Handvoll Körner: Auf das erste Feld eines Schachbretts wollte er ein Korn, auf das zweite Feld das Doppelte, also zwei, auf das dritte wiederum die doppelte Menge, also vier und so weiter. Der König lachte und war gleichzeitig erbost über die vermeintliche Bescheidenheit des Brahmanen.
> Als sich Shihram einige Tage später erkundigte, ob Sissa seine Belohnung in Empfang genommen habe, musste er hören, dass die Rechenmeister die Menge der Weizenkörner noch nicht berechnet hätten. Der Vorsteher der Kornkammer meldete nach mehreren Tagen ununterbrochener Arbeit, dass er diese Menge Getreidekörner im ganzen Reich nicht aufbringen könne. Auf allen Feldern eines Schachbretts zusammen wären es 18.446.744.073.709.551.615 (≈ 18,45 Trillionen) Weizenkörner. Nun stellte er sich die Frage, wie das Versprechen eingelöst werden könne. Der Rechenmeister half dem Herrscher aus der Verlegenheit, indem er ihm empfahl, er solle Sissa ibn Dahir ganz einfach das Getreide Korn für Korn zählen lassen. Die gesamte Menge Weizen, die sich auf dem Schachbrett befände, hätte bei einer Tausendkornmasse von ca. 40 Gramm eine Masse von ca. 730 Mrd. Tonnen. Das entspricht etwa der 970-fachen weltweiten Weizenernte des Jahres 2018. Das sind ca. 755 Millionen Tonnen. (Quelle: Wikipedia)

(Pause) *Was bedeutet diese rasende Entwicklung für Sie und Ihre tägliche Arbeit? Worauf können Sie sich verlassen? Und wovon müssen Sie sich womöglich verabschieden? Ich bin sehr gespannt auf Ihre Gedanken dazu.*

Varianten

Es gibt unzählige Geschichten, die einen tollen Bezug zur Arbeitswelt haben. An dieser Stelle möchte ich Ihnen die Bücher meines Kollegen Hans Heß vorschlagen.

Unter dem Titel »Erzählbar I & II« bietet er Ihnen eine Sammlung von kurzen Storys, die Sie für ganz unterschiedliche Aufgabenstellungen und Ziele nutzen können. Auch ich habe für sein zweites Buch Geschichten beigetragen. Wenn ich die Story »Wenn der Schuh drückt« erzähle, habe ich zum Beispiel ein paar Schuhe dabei, die ich als Symbol in der Hand halte und am Ende meinem Coachee in die Hand drücke. Ich schließe dann zum Beispiel mit der Frage: »Welcher Schuh drückt bei Ihnen gerade?« Oder: »Was fühlt sich bei Ihnen noch neu und unbequem an, wie ein Schuh, der erst eingelaufen werden muss?« Werfen Sie mal einen Blick ins Literaturverzeichnis!

Benötigtes Material & Setting

Material:	Weizenkörner
Setting:	Einzelsetting bis hin zu großen Gruppen
Vorbereitung:	Die Story sollten Sie auswendig kennen oder ablesen.

Reflexionsfragen

- Womit geht es Ihnen im Moment noch schwer?
- Wie viel Zeit geben Sie sich zum »Einlaufen«?
- Was unternehmen Sie, wenn Sie der Schuh einfach zu sehr drückt und nicht passen will?
- Wie wird für Sie ein passender Schuh daraus?

Was mir als Idee dazu einfällt

2.15 Der springende Floh – Vorschnelle Schlüsse vermeiden

Ziele & Einsatzmöglichkeiten

Nicht alles, was um uns herum passiert, ist logisch. Psycho-logisch hingegen ist das allermeiste! Gerade im Berufsalltag wird der Logik noch viel Bedeutung geschenkt. Man versucht, durch Rationalität und belastbare Wahrscheinlichkeiten die Welt beherrschbar zu machen. Wie oft das zu kurz greift, belegen uns all die Beispiele, bei denen es doch ganz anders kam ...

Dieser Impact macht auf sehr witzige Weise deutlich, dass wir mit unserer Logik oft total falsche Schlüsse ziehen. Unsere »innere Logik« entspricht nämlich weniger der Weltvernunft als vielmehr unserer eigenen Beschränktheit: beschränkt durch Glaubenssätze, Erfahrungen, Erwartungen. Sie können Ihren Mitarbeiter durch die Demonstration dafür sensibilisieren, vorsichtig mit vorschnellen Schlüssen zu sein.

Die Technik gründet auf einem Witz. Witze sind eine prima Ausgangsbasis für Impact-Techniken, wenn sie durch kleine Inszenierungen ergänzt werden. Wie einfach das klappen kann, zeige ich Ihnen am Beispiel.

Ablauf

Ihre Mitarbeiterin Frau Schubert hat einen sehr analytischen Verstand. Bevor andere das Problem begriffen haben, hält sie oft schon »ihre« Lösung bereit. In vielen Fällen ist das wirklich hilfreich, in manchen Fällen aber auch anstrengend. Die »Schubert-Logik« ist schon zum geflügelten Wort unter den Kollegen geworden. Als ihr Vorgesetzter haben Sie sich entschlossen, mit Frau Schubert über andere Logiken zu sprechen, die womöglich ähnlich »logisch« sind – oder noch logischer. Dazu haben Sie, wie der Wissenschaftler, ein Maßband auf dem Tisch ausgelegt. Sie fangen an zu erzählen:

Ein Wissenschaftler hat ein Maßband auf den Versuchstisch gelegt. Der Wissenschaftler befiehlt einem Floh: »Spring!« Der Floh springt genau zwölf Zentimeter. Der Wissenschaftler notiert das Ergebnis. Sie beobachten den Floh auch beim Springen und tun so, als ob Sie etwas in der Handfläche notieren würden. Das intensiviert die Theatralik.

Der Wissenschaftler reißt dem Floh zwei Beine aus und befiehlt wieder: »Spring!« Der Floh springt genau sechs Zentimeter weit. Der Wissenschaftler notiert das Ergebnis. Auch hier sollten Sie wieder die Geschichte durch nonverbale Kommunikation unterstützen, um den Spannungsbogen zu steigern.

Der Wissenschaftler reißt dem Floh zwei weitere Beine aus und befiehlt: »Spring!« Der Floh springt zwei Zentimeter weit. Der Wissenschaftler notiert das Ergebnis.

Der Wissenschaftler reißt dem Floh die letzten beiden Beine aus und befiehlt: »Spring!« Der Floh reagiert nicht. Der Wissenschaftler notiert: (Eine Pause ist hier ganz wichtig! Unbedingt Blickkontakt zum Mitarbeiter halten.) *Wenn man einem Floh alle Beine ausreißt, kann er nicht mehr hören.*

Frau Schubert, für den Wissenschaftler ist es sonnenklar, dass der Floh sein Gehör verloren haben muss, wenn er den Anweisungen nicht mehr folgt. Der Wissenschaftler hat sich dadurch neues Wissen geschafft, was ihn in seinen nächsten Bewertungen und Entscheidungen prägt. Aber: Bringt ihn das weiter? Und welche anderen Hypothesen hätte er anstellen sollen? Was bedeutet das für den Wissenschaftler und seine Mitarbeiter, wenn er an seiner Logik festhält?

Varianten
Beim Stichwort »taub« fällt mir noch eine andere Geschichte ein, die ebenfalls sehr schön in ein Mitarbeitergespräch einfließen kann:

> Auf dem Bauernhof stand ein Eimer. Zwei Frösche kamen vorbei und waren neugierig, was da wohl im Eimer sei. Also sprangen sie mit einem großen Satz in den Eimer.
> Es stellte sich heraus, dass das keine so gute Idee gewesen war, denn der Eimer war halb gefüllt mit Milch. Da schwammen die Frösche nun in der Milch, konnten aber nicht mehr aus dem Eimer springen, da die Wände zu hoch und zu glatt waren. Der Tod war ihnen sicher. Am oberen Rand sammelten sich andere Frösche. Sie schrien: »Hört auf euch abzumühen. Ihr werdet in der Milch absaufen. Der Tod ist euch gewiss!«
> Der eine der beiden Frösche war verzweifelt und ließ sich von der Schreierei der anderen Frösche anstecken. »Wir müssen sterben«, jammerte er, »hier kommen wir nie wieder heraus.« Und er hörte mit dem Schwimmen

> auf, da alles ja doch keinen Sinn mehr hatte. Der Frosch ertrank in der Milch.
> Der andere Frosch blickte zu seinen Artgenossen am Eimerrand und sagte sich: »Ich gebe zu, die Sache sieht nicht gut aus. Aber ich halte durch. Aufgeben tue ich noch lange nicht. Ich bin ein guter Schwimmer! Ich schwimme, so lange ich kann.«
> Und so stieß der Frosch kräftig mit seinen Hinterbeinen und schwamm im Eimer herum. Immer weiter. Er schwamm und schwamm und schwamm. Und wenn er müde wurde, munterte er sich selbst immer wieder auf. Tapfer schwamm er immer weiter.
> Und irgendwann spürte er an seinen Füßen eine feste Masse. Ja tatsächlich – da war keine Milch mehr unter ihm, sondern eine feste Masse. Durch das Treten hatte er die Milch zu Butter geschlagen! Nun konnte er aus dem Eimer in die Freiheit springen. Als er oben ankam, fragten ihn die Frösche, wie er das nur so lange durchgehalten habe. Da merkten sie, dass der tapfere Frosch taub war. Er hatte die ganze Zeit gedacht, die anderen Frösche hätten ihn angefeuert.

Hier könnten Sie symbolhaft einen Eimer bereitstellen, ein Flipchart mit dem Eimer und einem Frosch bemalen oder einen Plüsch-Frosch bereithalten, den Sie dem Mitarbeiter in die Hand drücken.

Wo lohnt es sich, weiterzustrampeln? Wo lassen Sie sich nicht durch eine fremde Meinung von Ihrem Weg abbringen?

Benötigtes Material & Setting

Material:	Maßband
Setting:	Einzelsetting oder kleine Gruppe
Vorbereitung:	Die Story sollten Sie auswendig kennen.

Reflexionsfragen

Hier bieten sich die vier Fragen von »The Work« an, das durch Byron Katie bekannt geworden ist:

- Ist diese Geschichte wahr?
- Kannst du mit absoluter Sicherheit wissen, dass das wahr ist?

- Wie reagierst du, was passiert, wenn du an diesem Gedanken festhältst?
- Wer wärst du ohne den Gedanken?

Was mir als Idee dazu einfällt

2.16 Das Kamel im Nadelöhr – Die Lösung liegt in der Perspektive

Ziele & Einsatzmöglichkeiten

Wahrheiten sind immer eine Sache der Perspektive. So kann je nach Blickwinkel die Wahrnehmung zum Problem führen oder zur Lösung. »Das Kamel im Nadelöhr« unterstützt den Mitarbeiter darin, mit seiner Wahrnehmung zu experimentieren. Kreative »Verrückung« soll zu neuen Lösungsmöglichkeiten führen. Ganz nach dem Motto: Wenn du an deiner Gewohnheit festhältst, wirst du auch immer wieder zu gleichen Ergebnissen kommen. Durch das Spiel mit Nähe und Distanz können wir den Zoom entweder fokussieren oder erweitern – neue Optionen entstehen, der Mitarbeiter erlebt sich wieder als handlungsfähig. Den Impact setzte ich nur in Einzelgesprächen ein, weil die Nadel-Technik eine gewisse Nähe voraussetzt.

Ablauf

Sie haben sich als Vorgesetzter von Herrn Braun entschieden, mit ihm ein Mitarbeitergespräch zu führen. Es soll um seine Wahrnehmung gehen und die daraus resultierenden Schlussfolgerungen. Herr Braun strapaziert sehr die »Möglich-Unmöglich-Stereotypie«. Entweder krempelt er die Ärmel hoch und macht sich sofort an anstehende Aufgaben oder er hält neue Ideen für unrealisierbar. Er vertritt dann seine Unmöglichkeit-Position derart vehement, dass er sich jeden Blick auf potenzielle Lösungen verbaut. Er bleibt damit nicht nur unter seinen eigenen Möglichkeiten, sondern nervt auch das Team, weil er Projekte ausbremst.

Herr Braun, wir stehen mit der Einführung des neuen Dokumentationssystems vor einigen Herausforderungen. Sie haben in unserer letzten Besprechung massive Zweifel geäußert über die Verbesserungen, die mit dem neuen System verbunden sind. Mehr noch, Sie halten die Überführung der Daten für schlichtweg unmöglich. Vielleicht haben Sie damit sogar recht. Trotzdem möchte ich Sie zu einer kleinen Machbarkeitsübung einladen:

»Eher geht ein Kamel durch ein Nadelöhr, als dass ein Reicher in das Reich Gottes kommt!« Mit diesem Wort hat Jesus Wohlhabende zu allen Zeiten herausgefordert. Meinte er wirklich, dass kein Reicher in Gottes Reich kommen könnte? Betonte Jesus die Unmöglichkeit?

»Nadelöhr« war damals der volkstümliche Name für ein ziemlich kleines Tor in der Jerusalemer Stadtmauer. Fußgänger passten hindurch, aber wenn jemand sein Lastkamel durch dieses Tor führen wollte, dann musste sich das Kamel dazu niederknien. Für das Wort von Jesus ist damit klar: Das Kamel kommt nur schwer hindurch, aber zur Not kommt es hindurch. (Pause)

Ich habe hier nun eine Nadel für Sie. Bitte nehmen Sie sie in die Hand, mit dem Nadelöhr nach oben zeigend. (Pause) *Und hier am Flipchart habe ich ein Kamel für Sie gezeichnet. Naja, es soll ein Kamel sein, geben Sie Ihrer Fantasie eine Chance …*

Wie bekommen Sie nun das Kamel durch das Nadelöhr? Was könnten Sie tun? (Pause) Lassen Sie dem Mitarbeiter Zeit, über mögliche Lösungen nachzudenken. Vielleicht findet er ja sogar eine eigene, die Sie bisher gar nicht bedacht haben. Das wäre fantastisch! Ansonsten:

Die Lösung liegt in Ihrer Perspektive und der Haltung der Nadel: Wenn Sie das Nadelöhr ganz dicht vor Ihr Auge bewegen, dann scheint es so groß wie ein Torbogen. Sie können dann, wenn Sie die Nadel horizontal vor Ihrem Auge bewegen, das Kamel problemlos hindurchschreiten lassen. Das Kamel machen Sie dadurch klein, das Nadelöhr groß.

Ich frage mich, wie Sie das Thema »Dokumentationssystem« handhaben könnten, um eine realisierbare Lösung zu sehen. Wie denken Sie darüber?

Varianten

Einen ähnlichen Ansatz der Lösungssuche wählt das »Neun-Punkte-Problem«. Alle neun Punkte sind mit vier geraden Linien zu verbinden, die gezogen werden müssen, ohne abzusetzen. Eine Anleitung dazu finden Sie unter https://de.wikipedia.org/wiki/Neun-Punkte-Problem (Stand: November 2018). Die Übung ist ebenfalls ein toller Impact, genauso wie viele weitere Denksportaufgaben im Original oder leicht modifiziert toll für Wow-Effekte sorgen können. Kramen Sie doch mal im Fundus Ihrer Denk- und Knobelspiele.

Benötigtes Material & Setting

Material:	Nadel, Flipchart, Stift
Setting:	Einzelsetting
Vorbereitung:	Kamel auf ein Flipchart malen

Reflexionsfragen

- Welches Problem scheint Ihnen umso größer, weil Sie es so dicht vor Augen haben?
- Welche Perspektive können Sie einnehmen, um zu neuen Handlungsoptionen zu kommen?
- Was haben Sie in der Vergangenheit für unmöglich gehalten, das inzwischen Realität ist?
- Wie denken Sie über Pablo Picassos Spruch »Alles, was du dir vorstellen kannst, ist real«?

Was mir als Idee dazu einfällt

2.17 Die Todesliste des Bären – Sein Schicksal selbst in die Hand nehmen

Ziele & Einsatzmöglichkeiten

Die Geschichte des selbstbestimmten Hasen ist schon eine alte Story. Dadurch wird sie nicht weniger interessant für den Führungskontext. Im Gegenteil: Unterstützt durch ein paar nette Requisiten kann sie zu einem starken Impact werden. Die Technik macht die Selbstbestimmung deutlich und motiviert, sein Schicksal selbst in die Hand zu nehmen. Durch gezieltes Nachfragen und Klarstellen lassen sich manche »schicksalhaften« Folgen abwenden. Der Impact empfiehlt sich daher in Mitarbeitergesprächen, wo es um Themen wie Einflussnahme, Selbstbestimmung, Grenzen ziehen oder lösungsorientiere Kommunikation geht. Ich habe die Geschichte bisher nur in Einzelgesprächen eingesetzt. Sie passt aber auch für kleinere Gruppen, wenn Sie die Erzählung mit einem Blatt Papier und einem Stift unterstützen möchten.

Ablauf

Frau Zimmermann ist eine engagierte und zuverlässige Mitarbeiterin. Sie ist schon viele Jahre im Unternehmen und bei Mitarbeitern wie Vorgesetzten gleichermaßen beliebt. Sie hat ein sehr hilfsbereites Wesen und unterstützt andere, wo sie kann. Und genau das wird ihr gelegentlich zum Problem: Aus Klasse wird Masse. Anstatt sich auf ihre Kernaufgaben zu konzentrieren, tanzt sie auf vielen Hochzeiten gleichzeitig. Statt eines klaren »Nein« zu neuerlichen Hilfeanfragen arrangiert sie sich mit einem überzeugten »Eigentlich«. Ihr Vorgesetzter hat sie daher zu einem Gespräch eingeladen.

An wie vielen Aufgaben arbeiten Sie im Moment, Frau Zimmermann? Ich habe den Eindruck, da ist wieder ganz schön was los bei Ihnen auf dem Schreibtisch … (Pause) Die Mitarbeiterin erzählt, der Vorgesetzte fragt nach »versteckten« Aufgaben. Nachdem Frau Zimmermann ihre laufenden Tätigkeiten zusammengefasst hat, setzt der Vorgesetzte fort:

Ich möchte Ihnen eine Geschichte erzählen, die in Zusammenhang steht mit dieser Liste hier. Er zeigt ihr eine vorbereitete Liste, auf der untereinander die Namen »Hirsch«, »Wildschwein« und »Häschen« stehen. (Pause) *Mit dieser Liste hat es Folgendes auf sich:*

Im Wald gab es eine große Aufregung. Es ging das Gerücht um, der Bär habe eine Todesliste. Alle fragten sich, wer denn nun da draufsteht. Als Erster nahm der Hirsch allen Mut zusammen, ging zum Bären und fragte ihn: »Entschuldige, Bär, eine Frage: Steh ich auch auf deiner Liste?« »Ja«, sagte der Bär, »du stehst auch auf meiner Liste.« Voller Angst drehte sich der Hirsch um und lief weg. Und tatsächlich, nach zwei Tagen wurde der Hirsch tot aufgefunden. (Der Vorgesetzte macht ein Kreuz hinter den Hirsch. Pause)
Die Angst bei den Waldbewohnern stieg immer mehr und die Gerüchteküche auf die Frage, wer denn nun auf der Liste steht, brodelte. Das Wildschwein war das nächste Tier, dem der Geduldsfaden riss und darauf den Bären aufsuchte, um ihn zu fragen, ob es auch auf der Liste stehen würde. »Ja, auch du stehst auf meiner Liste«, antwortete der Bär. Verschreckt verabschiedete sich das Wildschwein vom Bären. Auch das Wildschwein fand man nach zwei Tagen tot auf. (Und wieder macht der Vorgesetzte ein Kreuz, nun hinter das Wort »Wildschwein«. Pause)
Nun brach Panik bei den Waldbewohnern aus. Nur das Häschen traute sich noch zum Bären. »Hey, Bär, steh ich auch auf deiner Liste?« »Ja, auch du stehst auf meiner Liste!« »Kannst du mich da streichen?« »Ja klar, kein Problem!« (Der Vorgesetzte streicht dick und fett das Wort »Häschen« durch. Pause)

Und was können wir vom Häschen lernen? (Pause) *Es ist hilfreich, im richtigen Moment den Mund auf zu machen. Und es ist wichtig, dass man die richtigen Fragen stellt, um sein Schicksal selber in die Hand zu nehmen.*

Lassen Sie uns doch darüber sprechen, wie Sie von der einen oder anderen Liste runterkommen, Frau Zimmermann.

Varianten

Zum Thema »Nein-Sagen-Lernen« und »Grenzen ziehen« begegnet mir oft der Garderobenständer-Impact. (Siehe auch 2.4 Ballast abwerfen.) Der Mitarbeiter bekommt eine Jacke nach der anderen in die Hand gedrückt (oder sogar über den Kopf gehangen), bis er völlig zugedeckt ist und unter der Last zusammenzubrechen scheint. Wie fühlt es sich an, wenn alle anderen ihre alten Klamotten bei Ihnen abgeben?

Natürlich kann man den Garderoben-Effekt auch mit allen anderen Objekten erzielen. Hauptsache ist, alles wird »vor die Türe des Mitarbeiters gekippt«. Wählen Sie schwere, große und sperrige Objekte aus der näheren Umgebung und werden Sie diese beim Mitarbeiter los. Fragen Sie zwischendurch ruhig, ob noch alles bei ihm okay ist.

Eine weitere schöne Variante ist das Festklammern von Botschaften am Mitarbeiter. Dazu notieren Sie Aufträge und klammern diese mit einfachen Wäscheklammern an den Mitarbeiter. Mit der Zeit sieht er aus wie mit einem Flickenteppich eingekleidet. Erhöhen Sie den Effekt, wenn Sie einen Spiegel zur Verfügung haben. Wenn sich Menschen selber im Spiegel betrachten, kommt neben dem Hineinfühlen auch noch die visuelle Komponente hinzu: Wie stehen Sie jetzt da? Wie sind Sie anzusehen?

Benötigtes Material & Setting

Material:	Blatt Papier, dicker schwarzer Stift
Setting:	Einzelsetting
Vorbereitung:	Liste mit den drei Tieren. Die Story sollten Sie auswendig kennen.

Reflexionsfragen

- Bei welcher Gelegenheit sollten Sie öfter den Mund aufmachen?
- Was würden Sie gerne aus Ihrem Leben/Ihrer Rolle/Ihren Aufgaben streichen?
- Was brauchen Sie noch, um den ersten Schritt zu tun?
- Was vermeiden Sie bisher durch Ihre nachgiebige Haltung?

Was mir als Idee dazu einfällt

2.18 Die Dose mit der Delle – Perfekt unperfekt, oder: Gebrauchsspuren schätzen lernen

Ziele & Einsatzmöglichkeiten

Wir können die Uhr nicht zurückdrehen, auch wenn wir uns manchmal »die gute alte Zeit« zurückwünschen. Die adäquate Antwort darauf lautet: Wie arrangiere ich mich mit den Gegebenheiten? Dieser Impact unterstützt dabei, die Unabänderlichkeit der Veränderung zu akzeptieren. Außerdem regt er dazu an, über den Energieaufwand nachzudenken, der mit der Arbeit an der Vergangenheit verbunden ist. Mancher Lebenslauf hat seine Dellen, manche Projekte hatten ihre Dellen. Hundertprozentige Präzision ist ein großer Energiefresser. Es lohnt sich also zu prüfen, wo Nacharbeiten Sinn macht (oder sogar gefordert ist, denken wir an die Medizin oder die Luftfahrt), oder wo Unvollkommenheit eine gute Lösung ist. Die Technik setze ich sowohl in Einzelgesprächen als auch in kleinen Gruppen ein.

Ablauf

Frau Baum ist eine Meisterin des »Schönredens«. Einerseits ist diese Kompetenz ganz vorteilhaft, wenn sie zum Beispiel die positiven Aspekte einer Veränderung betont. Andererseits redet sie sich aber auch die Vergangenheit schön und hängt ihr nach. Sie investiert dann viel Energie in die »Rückgewinnung«. Aber auch ganz viel Wehmut schwingt bei ihr mit, wenn sie über die »guten, alten Zeiten« spricht. Das betrifft nicht nur die Arbeitsabläufe der Vergangenheit. Sie findet auch, dass das kollegiale Miteinander früher doch ein ganz anderes war. Ihr Vorgesetzter hat sie zum Gespräch geladen, um mit ihr über seine Wahrnehmung zu sprechen.

Wir haben in den letzten Jahren einiges verändert. Mit den meisten Ergebnissen sind wir sehr zufrieden, andere Korrekturen erfordern eine Nachkorrektur. Sie waren und sind aktiv an diesem Prozess beteiligt. Ich möchte Sie mit einem kleinen Experiment mal mit einer Wahrnehmung von mir bekanntmachen, die ich gelegentlich von Ihnen habe. Wären Sie bereit dafür? (Pause) Der Vorgesetzte greift nach einer leeren Getränkedose, die er für diesen Impact bereitgestellt hat.

Ich habe hier eine leere Getränkedose. In ihr stecken all die Erfahrungen, Gewohnheiten, Ergebnisse, Gewinne wie Verluste der letzten Jahre. Die Dose macht einen ganz soliden Eindruck. (Pause)

Nun kamen aber von außen starke Kräfte auf die Dose zu, die massiv auf sie einwirkten. Da veränderte sich der Markt plötzlich und das Internet wurde zu einem enormen Wettbewerber. Der Vorgesetzte drückt eine Delle in die Dose. (Pause)

Dann hat sich der Arbeitsmarkt kolossal geändert. Wir müssen uns heute als Arbeitgeber völlig anders aufstellen. Erneut drückt er eine Delle in die Dose. (Pause)

Die arbeitsrechtlichen Vorschriften haben uns mit neuen Auflagen konfrontiert, an denen wir auch heute noch arbeiten. Eine weitere Delle folgt. (Pause)

Und gerade haben Sie mitbekommen, dass auch die Datenschutzgrundverordnung eine wirkliche Herausforderung bedeutet. Und auch hier folgt noch eine Delle, die er in die Dose drückt. (Pause)

Sie sehen, ganz so formschön ist die Dose jetzt nicht mehr, sie hat deutliche Gebrauchsspuren bekommen. Bitte nehmen Sie die Dose jetzt mal in die Hand, Frau Baum. Er übergibt die Dose der Mitarbeiterin, die sie nun in der Hand hält. (Pause)

Ich bitte Sie, die Dellen jetzt wieder aus der Dose zu drücken, sodass sie am Ende aussieht wie vorher. Das alles so ist, als wäre nichts geschehen. (Pause) Ggf. fängt die Mitarbeiterin jetzt an, die Dose zu bearbeiten. Aber es wird ihr nicht gelingen, da eine zerbeulte Blechdose mit reiner Handarbeit nicht wieder in die Ausgangsform zu bringen ist. Wenn sie den Versuch beendet, fährt die Führungskraft fort.

Manchmal ist es auch mit großer Mühe nicht möglich, die Dinge wieder in ihren Ursprungszustand zu bringen. Da gibt es Einflüsse, die ihre dauerhaften Spuren hinterlassen haben. Gelegentlich ist es sogar so, dass wir durch Handanlegen noch mehr verbeulen als glattbügeln. (Pause) *Mein Eindruck ist, dass Sie viel Kraft in das »Ausbeulen« der Arbeitssituation stecken. Wie sehen Sie das?*

Varianten

Eine sehr gängige Impact-Technik, die das Thema »Spuren in Beziehungen« veranschaulicht, ist das Zerknittern von Papier. Dabei wird einfach ein weißes DIN-A4-Blatt genommen und in der Hand zu einer kleinen Kugel geformt. Wenn ich es dann wieder auseinanderziehe, behält das Blatt trotz großer Mühen trotzdem seine Gebrauchsspuren. Es kommt nicht mehr in seine ursprüngliche Glätte zurück. Das

Papier ist nach wie vor verwendbar und trotzdem ist es nicht mehr das gleiche. Es hat seine Form verändert – Eindrücke bleiben.

Eine ganz spannende Variante dieser Gebrauchsspuren-Technik gibt es in Japan, dort bekannt unter der Bezeichnung »Kintsugi«:

> Kintsugi ist eine von langer Tradition geprägte japanische Methode, zerbrochene Keramik zu reparieren. Das Besondere: Kintsugi versucht nicht, die augenscheinlichen Makel der Reparatur zu verbergen, vielmehr stellt es diese durch die Verwendung von Gold- oder Silberpigmenten im Lack in den Vordergrund – und schafft so eine völlig neue Schönheit und Wertschätzung des ursprünglichen Objekts. In einem vielstufigen und lang andauernden Prozess werden auseinandergebrochene oder gesprungene Keramiken repariert. Dazu wird der japanische Lack urushi in mehreren Schichten aufgetragen, wahlweise mit goldenen oder silbernen Pigmenten bestäubt und anschließend poliert. Die einst gebrochenen Stücke werden glatt und geschmeidig zusammengefügt und ergänzen sich zu einem neuen Ganzen, das in den meisten Fällen, der Schönheit des Originals in nichts nachsteht. Das Wichtigste an Kintsugi jedoch, ist laut Muneaki Shimode, einem Kintsugi-Meister aus Kyōto, nicht die physische Erscheinung des eigentlichen Objekts. Wichtig sind die Schönheit und die Bedeutung, die der Betrachter durch das Objekt erfährt. Die Ästhetik, die hinter Kintsugi steckt, ist Wabi-Sabi. Sie bedeutet so viel wie die Schönheit im Vergänglichen, Alten oder Fehlerhaften zu verstehen. Eine einst zerbrochene Teeschale ist nicht minder wert als eine makellose, neue Schale. Vielmehr erlangt die Schale durch die aufwendige Restauration einen einzigartigen Status, dessen Wert kaum einzuschätzen ist. Der Ingenieur Reiner Pilz nannte diese Tradition 1994 bereits »Upcycling«: Was wir brauchen, ist Upcycling, das alten Dingen mehr Wert, nicht weniger, zuspricht.« (Dieser Text stammt von der Webseite: https://www.japandigest.de/kulturerbe/geschichte/kunsthandwerk/kintsugi/ Stand: November 2018)

Unterstützen können Sie diese Geschichte durch entsprechende Bilder, eine Tasse oder einen anderen Keramikgegenstand, den Sie der Mitarbeiterin in die Hand drücken.

Benötigtes Material & Setting

Material:	leere Getränkedose
Setting:	Einzelsetting
Vorbereitung:	keine

Reflexionsfragen

- Welchen Wert möchten Sie in die Zukunft überführen?
- Was besorgt Sie, wenn Sie an die Zukunft denken?
- Was würden Sie gerne rückgängig machen?
- Was brauchen Sie, um das Alte zu verabschieden?

Was mir als Idee dazu einfällt

2.19 Die heiße Tasse Kaffee – Emotional runterkochen

Ziele & Einsatzmöglichkeiten

Jetzt werdet mal wieder sachlich! Eine oft gestellte (und womöglich selten erreichte) Forderung in Konfliktfällen. Der Impact macht darauf aufmerksam, in emotional aufgeheizten Situationen erst mal Zeit zum Durchatmen, Entspannen und Runterkochen zu geben. Ein bloßes »Jetzt sei mal anders!« bewirkt da meistens das Gegenteil. »Die heiße Tasse Kaffee« halte ich deswegen für so praktisch, weil sie tatsächlich in einer Streitpause angeboten und getrunken werden kann. Und wenn Ihr Gegenüber ein Teetrinker ist, finden Sie damit eine gute Alternative. Selbst wenn gar kein Heißgetränk gewünscht ist, greift die Aussage der Technik, wenn Sie die »heiße Tasse« ins Spiel bringen. Man kann sich an ihr nämlich nicht nur die Zunge, sondern auch die Finger verbrennen.

Ablauf

Herr Neumann ist unter den Mitarbeitern als »streitbarer Kollege« bekannt: Er vertritt seine Meinung auch dann, wenn er mit massivem Gegenwind zu rechnen hat. Sie schätzen seine Offenheit und Direktheit. Und Sie wissen, dass es da auch noch eine zweite Seite gibt: Herr Neumann mutet den Kollegen nämlich ziemlich viel zu, auch wenn diese noch stark betroffen, überfordert, gekränkt, eben emotional »bewegt« sind. Sie möchten deshalb am Rande einer Diskussion mit ihm über Ihren Eindruck sprechen.

Ich habe Ihnen eine heiße Tasse Kaffee mitgebracht, Herr Neumann. Die hitzige Debatte gerade hat, glaube ich, das Wasser nochmal besonders zum Kochen gebracht. Achten Sie darauf, dass der Kaffee wirklich gut heiß ist.

Vorsicht! Der Kaffee ist kochend heiß, Herr Neumann. (Pause) *Würden Sie ihn jetzt trotzdem sofort trinken?* (Pause) Warten Sie die Antwort des Mitarbeiters ab.

Ganz richtig, bevor Sie sich die Finger oder gar die Zunge verbrennen, werden Sie noch einen Moment warten, bis die Temperatur runtergekühlt ist. Dann wird der Kaffee erst richtig gut genießbar. (Pause)

Genauso scheint mir das auch in Konfliktfällen. Ich glaube, es ist sehr hilfreich, den Kollegen etwas Zeit zu geben, wenn diese ähnlich hochtemperiert sind wie dieser Kaffee hier. Da ist einiges durchgelaufen an Argumenten, an Kritik und durchaus auch an Schuldzuweisungen. Das erhitzt die Gemüter. Und wie Sie richtig feststellen: Einen kochenden Kaffee würden Sie auch nicht sofort genießen wollen. Der entfaltet sogar sein Aroma besonders gut, wenn er etwas an Temperatur verloren hat. Die Zeit bis zum ersten Schluck ist bereits Teil des Genusses, weil Sie sich Zeit nehmen und für einen Moment entschleunigen.

Was halten Sie davon, nach der Pause mal die Wirkung zu testen, wenn Sie den hochgekochten Gemütern etwas Zeit zum »Ziehen« geben? Wenn Sie Ihre Beiträge an der emotionalen Betriebstemperatur der Kolleginnen und Kollegen orientieren? Also erst mal runterkochen lassen, und wenn sie dann wieder genießbar sind, neue Angebote machen. Halten Sie den Versuch für lohnenswert?

Varianten

Den Impact können Sie sogar mittags in der Kantine bei einem heißen Teller Suppe prima umsetzen. Halten Sie einfach die Augen offen, wo es »heiß« genug ist. Es gibt verschiedene Impacts mit Wunderkerzen. Eine Möglichkeit kann zum Beispiel sein, eine Wunderkerze vor den Augen des Mitarbeiters abbrennen zu lassen:

So temperamentvoll habe ich das eben in der Besprechung erlebt. Ja, da gab es auch Funkenflug. Und irgendwann war dann das Licht aus. Da dachte ich: Oh, jetzt sind wir an einer Stelle, da haben wir uns festgefahren. Würden Sie die Wunderkerze jetzt hier oben anfassen wollen? (Pause) *Sie sind gut damit beraten, die Finger davon zu lassen, weil die Sache einfach noch zu heiß ist. Geben Sie sich ein paar Minuten, dann können Sie bedenkenlos wieder Hand anlegen.*

Nutzen Sie für Ihre Impacts möglichst oft Gegenstände, die sowieso üblicherweise im Büroumfeld zu finden sind. Dazu gehören neben der Kaffeetasse auch Computermäuse, Aktenordner, Stifte, Papier, Stühle, Tastaturen, Mobiltelefone usw. Es macht aus meiner Sicht mehr Sinn, auf das vertraute Arbeitsmaterial zurückzugreifen, als sich einen Bauchladen von exotischen Requisiten anzulegen. Die Bürorequisiten haben den großen Vorteil, dass sie als visuelle Anker nahezu ständig zur Verfügung stehen.

Benötigtes Material & Setting

Material:	Kaffee und Kaffeetasse
Setting:	Einzelsetting
Vorbereitung:	Kaffee kochen

Reflexionsfragen

- Was halten Sie von der Aussage: »Wer nicht genießen kann, ist ungenießbar«?
- Wofür sollten Sie sich Zeit nehmen, statt sie zu sparen?
- Wo laufen Sie immer wieder Gefahr, sich die Finger zu verbrennen?
- Zu welcher Zeit sind Sie besonders (un-)genießbar?

Was mir als Idee dazu einfällt

2.20 Zucker im Kaffee – Gut gemeint ist nicht unbedingt gut gemacht

Ziele & Einsatzmöglichkeiten

Bleiben wir bei der Tasse Kaffee. Sie ist im Berufsleben so weit verbreitet, dass sie sich als Impact-Technik nahezu aufdrängt.

Manchmal ist es schwer mit anzusehen, wie sich andere Menschen abmühen, ob beruflich oder privat. Da kann es passieren, dass sich das »Retter-Herz« rührt und wir davon überzeugt sind, im Sinne des Leidenden einzugreifen oder gute Ratschläge zu geben. Gerade im Vorgesetzten-Mitarbeiter-Verhältnis ist die Gefahr groß, dass durch das Macht-Ungleichgewicht eine Opfer-Retter-Rollenverteilung entsteht: »Ich will wirklich nur Ihr Bestes, Herr Zimmermann« sind dann entsprechende Äußerungen von oben nach unten. Getoppt wird das Ganze durch Erklärungen wie: »Schließlich habe ich ja auch eine Fürsorgepflicht!« Echt? Ist es Bestandteil des Arbeitsvertrages, dass sich ein Chef in das Seelenwohl des Mitarbeiters einmischt und die privaten Verhältnisse klärt? Ich empfehle hier große Vorsicht, wenn übereifrig Lebensratschläge gegeben werden, die zwar in die Welt des Vorgesetzten, aber nicht in die Wirklichkeit des Mitarbeiters passen. Der Impact macht deutlich, wie sehr »gut gemeinte« Angebote genau in die falsche Richtung führen können. Die Technik erfordert einen kleinen, fast intimen Rahmen, sodass ich sie bisher nur im Zweiersetting angewendet habe. Hier aber sowohl im Büro als auch in der Kaffeeküche, auf dem Rastplatz oder beim Kaffee nach dem Essen.

Ablauf

Herr Zimmermann arbeitet schon seit vielen Jahren im gleichen Unternehmen. Er ist Teamleiter und durch seine einschlägige Berufserfahrung bei Kollegen wie Kunden sehr geschätzt. Gott sei Dank zählt er zu den Menschen, die ihr Wissen und ihre Erfahrung gerne an andere weitergeben. Dadurch wird er für den Vorgesetzten zu einem besonders wertvollen Mitarbeiter, der kein Wissen sammelt und darauf hockt. Allerdings hat das auch Nachteile. Herr Zimmermann tendiert nämlich dazu, seinen Teammitarbeitern auch dann kluge Ratschläge zu geben, wo sie gar nicht gefragt sind: »Ich habe den gar nicht nach seiner Meinung gefragt, der muss halt immer seinen Senf dazugeben« sind typische Äußerungen bei Seitengesprächen. Sein Vorgesetzter hätte außerdem gerne, dass er gerade den jungen Kollegen öfter die Chance einräumt, auch eigene Erfahrungen zu machen. Außerdem sollen sie neue Ideen einfließen lassen, um die alten Traditionen weiterzuentwickeln. Und auch seine fast väterliche Fürsorge, die bis in das Privatleben der Kollegen hineinreicht, sieht der Vorgesetzte kritisch. Die beiden stehen während einer Pause zusammen an einem Bistrotisch in der Küche und führen folgendes Gespräch:

Hier ist Ihre Tasse Kaffee, Herr Zimmermann. (Pause) *Wie zufrieden sind Sie mit der Besprechung bisher?* Während der Mitarbeiter antwortet, wirft der Vorgesetzte ein Stück Würfelzucker in Zimmermanns Kaffee und rührt diesen um. Er greift dann die Antwort von Herrn Zimmermann auf, und während er spricht, wirft er einen weiteren Würfelzucker in dessen Tasse und rührt weiter. (Pause) Möglicherweise wird Herr Zimmermann schon irritiert schauen, der Vorgesetzte lässt sich aber davon nicht ablenken und fragt weiter.

Was war bisher für Sie der wichtigste Gedanke in unserer Diskussion? Und erneut greift er zum Zucker, versenkt das Stück in der Tasse und rührt kräftig um. So geht das Spiel noch eine ganze Weile weiter, der Vorgesetzte provoziert eine Reaktion von Herrn Zimmermann, der inzwischen den Kaffee für ungenießbar hält und dankend ablehnt.

Nun, Herr Zimmermann, ich will ja nur das Beste für Sie. Ich möchte Ihnen das Leben versüßen. Schließlich ist es oft bitter genug, die Aufgaben des Lebens zu bewältigen. Das gilt im Beruflichen wie im Privaten. Dass Sie meine gut gemeinten Zuwendungen zurückweisen, kränkt mich natürlich schon etwas, denn schließlich bin ich verantwortlich für Ihr Wohlergehen. Können Sie sich denn nicht überwinden und Freude an dem Zuckerwasser gewinnen? Damit wäre doch uns beiden geholfen! (Pause)

Der Vorgesetzte hört sich die Argumente von Herrn Zimmermann an und spannt dann den Bogen zur Arbeitssituation:

Sie haben völlig recht. Die Mischung muss IHNEN schmecken, nicht mir. Und je länger Sie den Kaffee stehen lassen, umso tatkräftiger lege ich noch Würfelzucker nach, ganz nach dem Motto: Mehr vom selben, steigere die Dosis! (Pause) *Geht es Ihnen vielleicht ähnlich, wenn Sie Ihren Teamkollegen mit Ihren Hilfsangeboten etwas Gutes tun wollen? Wie viel Zucker werfen Sie den anderen in den Kaffee?*

Varianten

Sie können diesen Impact auch mit anderen Mischungen hinbekommen, die den Appetit rauben: Salz oder Pfeffer im Tee, Mehl, das Sie ins Wasser rühren oder eine ganz neue Mischung erfinden.

Außerdem können Sie auch Inszenierungen nutzen, die Maßlosigkeit bzw. Verschwendung darstellen. Dafür bietet sich zum Beispiel ein Glas an, das Sie auf ein Tablett stellen. Gießen Sie dieses Glas immer voller mit Rotwein (es sollte nicht der teuerste sein, sonst blutet mir das Herz!). Während Sie das Glas immer weiter füllen, sprechen Sie von den vielen guten Ratschlägen und Tipps, die Ihr Mitarbeiter den Kollegen gibt. Die Tipps gibt er auch noch, wenn das Glas bereits überläuft. Die womöglich wirklich guten Ideen finden kein Gehör mehr, laufen einfach dran vorbei und versickern irgendwo. Wie ginge das anders?

Benötigtes Material & Setting

Material:	Kaffee, Kaffeetasse, Zuckerwürfel, Kaffeelöffel
Setting:	Einzelsetting
Vorbereitung:	Kaffee kochen

Reflexionsfragen

- Wo liefern Sie womöglich zu viel des Guten?
- Bei welcher Stärke neigen Sie dazu, diese besonders zu betonen?
- Wer oder was kann für Sie eine Art »Grenzwächter« sein?
- Wie denken Sie über andere, wenn Sie Ihre Retter-Hilfe unterschieben?

Was mir als Idee dazu einfällt

2.21 Maßnahme mit Maßband – Ständiges Aufschieben bewusst machen

Ziele & Einsatzmöglichkeiten

Die männlichen Leser erinnern sich vielleicht noch an einen alten Bundeswehrbrauch unter den Wehrpflichtigen: Wir haben an einem Maßband damals die verbleibenden Diensttage abgezählt, indem wir Zentimeter für Zentimeter vom Band abgeschnitten haben. Das war Zeitmessung am laufenden Meter.

Die Maßbandtechnik lässt sich sehr gut als Impact verwenden, um einen intensiven Veränderungsimpuls zu setzen. Gerade in Fällen, wo Veränderung wie ein guter Vorsatz auf die lange Bank geschoben wird. Meine beiden Kollegen Judith Wegener und Jan Zöller von der Coaching-Agentur PLANUNDSINN verwenden die Maßbandmethode in ihren Führungskräfte-Coachings als eine Art »Timeline«. Aufgrund der kleinen Skalierung auf dem Maßband eignet sich die Technik eher für ein Einzelsetting. Dafür ist sie an nahezu jedem Ort einsetzbar, weil ein Papier-Meterband fast nichts wiegt und in jede Hosentasche passt. Ein Meterband kam auch schon beim Impact »Der springende Floh« zum Einsatz. Ich finde, es gehört in jede Impact-Grundausstattung.

Ablauf

Frau Schuh hat viele gute Vorsätze: Eine Weiterbildung gehört dazu, ein geplanter beruflicher Auslandsaufenthalt und auch ein seit Jahren geplantes Sportprogramm. Sie wäre mit all dem auch schon viel weiter, wenn es nur nicht immer wieder neue Prioritäten gäbe. Oder liegt es einfach nur am Zeitmanagement? Sie haben sich als Vorgesetzter vorgenommen, Frau Schuh im anstehenden Mitarbeitergespräch Ihren Eindruck vorzustellen:

Hallo Frau Schuh, ich würde als Einstieg heute gerne mal mit Ihnen Maß nehmen. Haben Sie Lust auf eine kleine Übung? (Pause) Holen Sie sich die Zustimmung der Mitarbeiterin. Dann greifen Sie nach einem bereit liegenden Papier-Maßband und einem Bleistift.

Wie alt sind Sie, Frau Schuh? Das genannte Alter kreuzen Sie entsprechend bei der passenden Zentimeterangabe auf dem Maßband an. Dann ziehen Sie einen Strich von »Null-Zentimeter« bis zur Altersangabe. (Pause)

Schauen Sie, von der Stunde null, Ihrer Geburt, bis heute sind schon X Jahre vergangen. Eine ganze Zeit, die da schon hinter Ihnen liegt. Das ist Ihre Vergangenheit. Ihre Erfahrungen, Ihre Prägungen, Ihre realisierten Ziele und auch die Pläne, die Sie bereits geschmiedet, aber bisher noch nicht umgesetzt haben. (Pause)

Wie alt wollen Sie werden, Frau Schuh? (Pause) Sie lassen die Mitarbeiterin ihr erwartetes Lebensalter schätzen. Sie können auch in einen kurzen Diskus mit ihr gehen im Hinblick auf ihre Lebensführung, den Stresslevel, das Lebensalter ihrer Eltern, das zu erwartende Durchschnittsalter ... Dann kreuzen Sie das Zielalter auf dem Maßband ebenfalls an. Lassen Sie danach die Mitarbeiterin alle Zentimeter, die hinter dem Zielalter legen, selber abreißen. (Pause)

Und nun schauen Sie sich an, wie viel Zeit Ihnen noch zur Verfügung steht, um die bisher aufgeschobenen Ziele umzusetzen. (Pause) *Was müsste von Ihnen bis wann als Erstes getan werden, um Ihre Ziele tatsächlich zu erreichen?*

Wichtig ist, im weiteren Gespräch mit dem Mitarbeiter sehr lösungs- und ressourcenorientiert zu arbeiten. Sonst kann es passieren, dass der eingeübte Problemfokus jeden Veränderungsimpuls sofort im Keim erstickt. Arbeiten Sie daher konsequent an machbaren kleinen Etappenzielen weiter.

Varianten

Sie können die Argumentation auch von hinten aufzäumen. Fragen Sie die Mitarbeiterin, wie alt sie womöglich wird. Dann füllen Sie einen Messbecher mit Wasser entsprechend der Lebenserwartung (also z. B. 83 Zentiliter, das ist etwas mehr als eine 0,75-Liter-Flasche Wein.) Dann fragen Sie nach dem aktuellen Lebensalter. Entsprechend der Aussage schütten Sie die Zentiliter aus dem Messbecher in den Abfluss oder eine Blumenvase. Es verbleibt nur noch das Rest-Lebensalter in dem Messbecher. Nun geht das Gespräch wie oben beschrieben weiter.

Ich visualisiere die Lebenslinie oft mit einem roten Seil auf dem Boden, also eine Art »roter Faden durchs Leben«. Neben einer Zahlenskala zur Verdeutlichung des Alters können Sie noch weitere visuelle Anker setzen, z. B. Bilder oder wichtige Lebensereignisse. Wenn Sie diese dann beiseite räumen, weil die Zeit vorbei ist, wird das vom Mitarbeiter oft noch drastischer wahrgenommen. Der Impact wirkt durchaus stark konfrontierend.

Benötigtes Material & Setting

Material:	Papier-Maßband (gibt es kostenlos in Möbelhäusern), Bleistift
Setting:	Einzelsetting
Vorbereitung:	keine

Reflexionsfragen

- Was war bisher für Sie gut angelegte Zeit?
- Wofür möchten Sie sich zukünftig mehr Zeit nehmen?
- Was brauchen Sie, um auf der Stelle mit der Arbeit an Ihrem Ziel anzufangen?
- Was ändert sich für Sie, wenn Sie Ihr Ziel erreicht haben?

Was mir als Idee dazu einfällt

2.22 Zutaten sind noch kein Rezept – Auf die Reihenfolge kommt es an

Ziele & Einsatzmöglichkeiten

Prioritäten zu setzen ist nicht jedermanns Sache. Vor allem dann, wenn der Schreibtisch sowieso schon von der Menge an Arbeit erdrückt wird: Wo anfangen? Selbst wenn alles irgendwie wichtig ist, hilft Klarheit in der Reihenfolge der Arbeitsabläufe. Der vorliegende Impact unterstützt dabei, die Wichtigkeit von einander aufbauenden Prozessfolgen zu erkennen. Er sensibilisiert dafür, sich mit Bedacht an die anstehenden Aufgaben zu machen, ohne sich kopfüber, aber kopflos in die Arbeit zu stürzen. Sie können mit der Technik Ihrem Mitarbeiter deutlich machen, dass sich ein Reihenfolgeplan lohnt, um etwas »Schmackhaftes« entstehen zu lassen. Der Impact kommt bei mir in erster Linie zu Themen wie Prioritätenmanagement, Zeitmanagement und Prozesskompetenz zum Einsatz. Er eignet sich sowohl für das Einzelsetting als auch für kleine Gruppen.

Ablauf

Frau Lipinski ist meistens dabei, wenn neue Aufgaben zu übernehmen sind oder der Vorgesetzte für anstehende Projekte tatkräftige Hände sucht. Sie fackelt nicht lange und bietet gerne ihre Unterstützung an. Für Vorgesetzte sind solche Mitarbeiter eine große Hilfe, denn das »interne Verkaufen« kann so auf ein Minimum reduziert werden. Gerade deshalb fällt es dem Chef von Frau Lipinski auch eher schwer, mit ihr über die Gefahren von zu viel Aktionismus zu sprechen. Er befürchtet, dass er sie dadurch zu stark einbremsen könnte und sie zukünftig eher mit Zurückhaltung statt mit planender Weitsicht reagiert. Daher hat er sich für sie einen Impact überlegt, den er der Mitarbeiterin im persönlichen Gespräch vorstellt:

Sie haben sich für unser neues Projekt gemeldet, Frau Lipinski. Ich freue mich, dass Sie von Anfang an wieder mit an Bord sind. Ich schätze diese Bereitschaft sehr an Ihnen. Bevor wir die Ärmel hochkrempeln und loslegen, möchte ich Ihnen eine kleine Botschaft mit auf den Weg geben. Sehen Sie es vielleicht als eine Art Rezeptvorschlag.

Ich habe für Sie eine kleine Zutatenliste zusammengestellt. Der Vorgesetzte greift einen Artikel nach dem anderen aus einer Tasche und stellt ihn auf den Tisch. *Dazu gehören Butter, Eier, Mehl, Quark, Äpfel, Rosinen, Hefe, Wasser und Amaretto.* (Pause) Er lässt der Mitarbeiterin Zeit, sich die Zutaten in aller Ruhe anzuschauen.

Sie sollen mit diesen Zutaten einen »Flämischen Apfelkuchen« backen. Vielleicht wäre das was für unsere nächste Teambesprechung. (Pause)

Meine Frage nun an Sie: Wie werden Sie vorgehen? (Pause) Lassen Sie der Mitarbeiterin hier unbedingt ausreichend Zeit, um sich mit der Aufgabenstellung auseinanderzusetzen. Wahrscheinlich wird sie folgende Fragen stellen: Wie viel von jeder Zutat brauche ich denn? Wie groß soll denn der Kuchen werden? Und in welcher Reihenfolge werden die Zutaten eingesetzt?

Sie haben völlig Recht, Frau Lipinski, das sind alles zentrale Fragen, bevor es ans praktische Tun geht. Solange Sie nicht wissen, wie das Ergebnis aussehen soll und wie der konkrete Weg dorthin ist, wird es äußerst schwierig, aus den Zutaten ein gutes Ergebnis zu machen. Und das, obwohl alle Bestandteile absolut richtig sind! (Pause) *Bei einem Backrezept kommt es eben nicht nur auf die Zutaten an, sondern auch auf deren Menge und die richtige Abfolge.* (Pause)

Genauso ist das auch im Projektmanagement, Frau Lipinski. Ich habe manchmal den Eindruck, dass Sie vor lauter Vorfreude auf den Kuchen mit großer Energie sofort die Zutaten greifen und loslegen. Unsere Projekte sind eher wie neue Kuchen zu sehen, für die es noch keine Erfahrungswerte gibt. Da ist ein durchdachtes Rezept, das von Anfang an zur Verfügung steht, eine sehr wichtige Ausgangslage. (Pause) *Welche Schlüsse können Sie aus diesem Vergleich für Ihre Projektarbeit ziehen?*

Varianten

Sie müssen vorher nicht sämtliche Back- oder Kochzutaten im Supermarkt einkaufen. Es reicht völlig aus, wenn Sie die Zutaten auf einzelne Blätter notieren und diese dann auf einem Tisch ausbreiten. Anstatt die Artikel aus einer Tasche zu räumen, legen Sie einfach einen Zettel nach dem anderen gut sichtbar auf den Tisch. Alles andere verläuft dann analog.

Eine ähnliche Wirkung erzielen Sie mit Ziffern, die Sie einzeln auf den Tisch legen. Sie können welche aus Papier ausschneiden oder sich im Bastelladen aus Styropor oder Holz besorgen. Machen Sie dem Mitarbeiter deutlich, dass es einen großen Unterschied macht, in welcher Reihenfolge ich die Ziffern aneinanderlege. Die Zahl 12345 hat nun mal einen anderen Wert als 54321, obwohl doch die Ziffern in beiden Reihen gleich sind!

Ein Kartenturm unterstützt ebenfalls die Botschaft. Bauen Sie einen Kartenturm und stellen Sie der Mitarbeiterin die Aufgabe, den Turm Stück für Stück zu verlegen, ohne dass er komplett zusammenfällt. Im Anschluss unterhalten Sie sich dann darüber, welche Strategie hierbei die sinnvollste ist. Auch mit dem Impact »Die großen Steine« (siehe 2.1) haben Sie eine weitere tolle Idee zur Hand.

Benötigtes Material & Setting

Material:	Zutaten entsprechend Back-/Kochrezept, Korb oder Tasche
Setting:	Einzelsetting, kleine Gruppe
Vorbereitung:	keine

Reflexionsfragen

- Passen Ihre Rezepte für die moderne Küche?
- Wo können Sie an der Reihenfolge etwas ändern, um ggf. bessere Ergebnisse zu erzielen?
- Wann tendieren Sie, in Aktionismus zu verfallen?
- Wann haben Sie zuletzt die Dosierung Ihrer »Führungszutaten« geprüft?

Was mir als Idee dazu einfällt

2.23 Die Königin der Nacht – Der Glaube versetzt Berge – und schafft eine Fangemeinde

Ziele & Einsatzmöglichkeiten

Musik hat für viele Menschen eine starke Attraktivität. Im Zeitalter der digitalen Medien ist sie nahezu überall und ständig verfügbar. Die »Stöpsel im Ohr« gehören mittlerweile zum üblichen Erscheinungsbild, zumindest der Generationen Y und Z. Viel zu schade also, um Musik bei den Impact-Techniken außen vor zu lassen. Meine Kollegen Judith und Jan von PLANUNDSINN nutzen Musik regelmäßig, um akustisch einen anderen Referenzrahmen um eine als problematisch erlebte Situation zu legen. Der von mir hier vorgestellte Musik-Impact nutzt bewusst nicht die schöne und eingängige Melodie, sondern fokussiert vielmehr auf die Einzigartigkeit, aber auch das Selbstbewusstsein der Interpretin. Ziel ist es daher, mit dem Musikstück auf Themen wie Selbstwert, Mut, aber auch Originalität und Einzigartigkeit einzugehen . Musik eignet sich sowohl für die Arbeit mit Einzelpersonen als auch für großes Publikum.

Ablauf

Herr Horn wirkt sehr bescheiden. Seinen Job macht er richtig gut und auch seine Beiträge in Besprechungen sind außerordentlich konstruktiv. Sie als sein Vorgesetzter bedauern es daher, dass er oft so wenig »sichtbar« ist und sich klein macht. Sie finden, er hat gar keinen Grund dazu. Obwohl Sie wissen, dass seine Zurückhaltung durchaus auch ein angenehmer Charakterzug ist, möchten Sie ihn durch einen Impact dazu anregen, sich sichtbar und hörbar zu machen, vielleicht öfter mal »auf die Bühne« zu treten. Sie haben Herrn Horn daher in Ihr Büro gebeten:

Ich habe gestern ein Musikstück gehört, bei dem ich spontan an Sie denken musste, Herr Horn. Ich bin mir nicht sicher, ob meine Assoziation ganz genau passt, aber ich möchte Ihnen trotzdem mal etwas vorspielen. Schön, dass Sie einen Moment Zeit haben, sich das mal anzuhören. (Pause) Sie lassen das Musikstück ablaufen. Es handelt sich um die »Arie der Königin der Nacht« von Florence Foster Jenkins. Sie finden das Stück auf YouTube unter https://www.youtube.com/watch?v=ZD-_2QEXCRk, Stand November 2018.) Mit den Mobiltelefonen ist es inzwischen einfach, auf Bild- und Tonmaterial zurückzugreifen. Bitte achten Sie beim Einsatz von urheberrechtlich geschützten Quellen unbedingt auf die Nutzungsrechte und ggf. anfallende GEMA-Gebühren.

Achten Sie als Vorgesetzter genau auf die Eindrücke des Mitarbeiters. Das Musikstück ist wirklich zu einzigartig, um einen völlig unbeteiligt zu lassen. Am Ende setzen Sie die Unterhaltung fort:

Die Interpretin ist Florence Foster Jenkins, eine Amerikanerin, die in der ersten Hälfte des letzten Jahrhunderts große Erfolge mit ihren Auftritten feierte. Sie war auch bekannt unter den Namen »Diva der falschen Töne« oder »Königin der Dissonanzen«. Sie war aufgrund einer Erkrankung eher unmusikalisch, hatte jedoch aufgrund ihrer einzigartigen Interpretationen eine große Fangemeinde. Sie entschied selbst über die Zusammensetzung ihres Publikums, das horrende Preise für Tickets bezahlte. Eine der zentralen Aussagen von Jenkins war: »Die Leute können vielleicht behaupten, dass ich nicht singen kann, aber niemand kann behaupten, dass ich nicht gesungen hätte.« (Pause)

Nun singen Sie vielleicht nicht, Herr Horn. Und wenn Sie den Mund aufmachen, dann kommt deutlich mehr Qualität raus, als bei Miss Jenkins. (Pause) *Ich habe mir trotzdem die Frage gestellt, wofür die gute Dame Ihnen Vorbild sein könnte. Was denken Sie?*

Varianten

Ob Sie Bild- oder Tonmaterial verwenden, viele Charaktere bieten sich als Vorbilder an: Pippi Langstrumpf, Miss Marpel, Steve Jobs, Samuel Koch, Anselm Grün – finden Sie eine Persönlichkeit, die eine hilfreiche Aussage für Ihren Mitarbeiter bietet. Sei es einen Charakterzug, eine Überzeugung, eine Handlung oder eine besondere Kompetenz. Sie können eine Botschaft stärker verankern, wenn Sie eine »prominente« Person mit ins Boot nehmen, auf die Sie sich in Zukunft durchaus wiederholt beziehen können: Was würde wohl Frau Jenkins jetzt über sich denken? Was würde sie tun? Wie viel Jenkins steckt jetzt gerade in Ihnen?

Für mich ist ein absoluter Klassiker die Gesangsdarbietung von Hape Kerkeling mit dem Lied »Hurz«, die Sie unter https://www.youtube.com/watch?v=RAx0P-8n5K4 (Stand: November 2018) finden. Nicht nur, weil diese außergewöhnliche Inszenierung den meisten sowieso bekannt ist, scheint sie mir besonders anschlussfähig. Hape Kerkeling ist ein großer Sympathieträger und steht wie kaum eine andere Person für Selbstironie, aber auch für »experimentelles Wachstum«. Sie können das Video nutzen, um über Themen wie Selbstbewusstsein, Interpretationen und Kreativität mit Ihrem Mitarbeiter ins Gespräch zu kommen. Besonders der Abspann »Das ganze Leben ist ein Quiz und wir raten, raten, raten« hat in Zeiten von Unplanbarkeit in der agilen Arbeitswelt einen erfreulichen Zeitbezug.

Benötigtes Material & Setting

Material:	Musik und Abspielgerät
Setting:	Einzelsetting bis hin zu großen Gruppen
Vorbereitung:	keine

Reflexionsfragen

- Wer könnte Ihnen als Vorbild taugen?
- Welche Eigenschaft, Kompetenz, Überzeugung hätten Sie gerne von diesem Menschen?
- Wie müssten Sie über sich selber denken, um ein Stück weit wie dieses Vorbild zu werden?
- Was wäre ein erster kleiner Schritt, um sich derart »neu« zu erfahren?

Was mir als Idee dazu einfällt

2.24 Unter Spannung – Dauerstress führt zu Ermüdungserscheinungen

Ziele & Einsatzmöglichkeiten

Erschöpfung ist zu einem zentralen Begriff im betrieblichen Gesundheitsmanagement geworden. Immer mehr Berufstätige klagen über das Gefühl des Ausgebranntseins. Kaum eine andere psychische Erkrankung hat in den letzten zehn Jahren mehr Aufmerksamkeit erfahren als das Burnout. Mit dem hier vorgestellten Impact können Sie Ihrem Mitarbeiter vor Augen führen, welche Konsequenzen die Daueranspannung hat. Die Technik lädt zu einem vertiefenden Gespräch ein, welche Bedingungen für eine gute Balance von An- und Entspannung gegeben sein müssen. Ich setzte den Impact im Zweiergespräch ein, weil es ein sehr persönliches Thema ist und das angespannte Gummiband in der Hand des Mitarbeiters besser wirkt, als wenn er nur zuschaut. Allerdings kann der Effekt sicher auch greifen, wenn Sie bei einer größeren Gruppe allen Beteiligten ein Gummiband aushändigen.

Ablauf

Für diesen Impact nutzen Sie am besten einen Einmachgummi oder einen festen Sport-Gummiring, wie man ihn im Fitnessstudio zum Training einsetzt. Sie bekommen diese Ringe oder Gummi-Therabänder in jedem Sportgeschäft, manchmal sogar als Aktionsware beim Discounter. Die Belastung, die durch das Spannen des Gummis zu spüren ist, sollte schon deutlich sein. Herkömmliche Haushaltgummis sind dafür zu schwach.

Sie haben sich als Vorgesetzter von Frau Stein dazu entschieden, mit ihr ein Gespräch zu führen über ihren Leistungseinsatz. Frau Stein erleben Sie als engagierte, tatkräftige Mitarbeiterin, die jedoch mit dem Setzen persönlicher Grenzen ihre Schwierigkeiten hat. Trotz hohem zeitlichem Engagement stellen Sie fest, dass die Arbeitsergebnisse in der Qualität nachlassen. Sie sorgen sich, dass bei Frau Stein die Energiebilanz nicht mehr richtig ausgewogen ist.

Hallo Frau Stein, schön, dass Sie sich einen Moment Zeit für unser Gespräch genommen haben. Ich sagte Ihnen bereits, dass ich ein kleines Experiment mit Ihnen vorhabe. Es wird eine Art »Kräftemessen« werden und soll dazu dienen, miteinander zum Thema »Selbstführung« ins Gespräch zu kommen. (Pause) *Ich habe Ihnen dafür hier einen Gummiring besorgt. Wie Sie sehen, ist das kein gewöhnlicher Gummiring. Dieser hier erfordert recht viel Kraft, um ihn unter Spannung zu setzen. Manchmal werden solche oder ähnliche Gummis tatsächlich zum Krafttraining eingesetzt. Kraft ist auch für uns im Arbeitsalltag eine wichtige Größe, um Dinge in Bewegung zu bringen.* (Pause)

Bitte nehmen Sie den Gummi und ziehen Sie ihn mit beiden Händen möglichst weit auseinander, damit er stark unter Anspannung steht. (Pause) *Ja, genau so.* (Pause) *Halten Sie den Gummi so eine Weile, um richtig in die Anspannung hineinzuspüren.* (Pause) *Der Gummi ist wie die täglichen Herausforderungen, die wir anpacken. Es sind mal größere und mal kleinere Gummis, mal festere und mal schwächere, aber jeder von ihnen verlangt von uns Energieaufwand.* (Pause)

Wie erleben Sie diese Dauerspannung, Frau Stein? Wie äußert sich Ihre Leistungsfähigkeit? Wie steht es um Ihre Kraft? (Pause) Geben Sie hier der Kollegin unbedingt die Möglichkeit, eigene Antworten zu liefern!

Sie haben vollkommen recht. Die dauerhafte Anspannung führt zu Ermüdungserscheinungen. Am Gummi hat sich ja nichts verändert, aber Ihre Leistungsreserven gehen in die Knie. Sie können sich vorstellen, welchen Weg das nimmt, wenn Sie jetzt hier noch eine halbe Stunde so stehen müssten. Und ein wichtiger Aspekt kommt noch hinzu: Je länger Sie den Gummi gespannt halten, desto mehr verliert er selber an Spannkraft. Er wird mit der Zeit schlaff, das Material brüchig. Irgendwann zerbröselt der Gummi einfach, wenn er dauerhaft unter Anspannung gehalten wird. Vielleicht haben Sie das schon mal irgendwo beobachten können, wenn Sie lange Zeit etwas mit einem Gummiring zusammengehalten haben. (Pause)

Neben der Kraft kommt es vor allen Dingen auf die Ausdauer an, mit der wir die Dinge in Bewegung halten. Im Sport wird dazu die Kraft-Ausdauer trainiert. Der Körper braucht wechselnde Phasen von An- und Entspannung, um leistungsfähig zu bleiben. Ich frage mich seit einiger Zeit, wie gut Ihnen das im Moment gelingt. Ich habe den Eindruck, dass es bei Ihrem hohen Krafteinsatz auf beiden Seiten, bei Ihnen und bei den Aufgaben, zu Ermüdungserscheinungen kommt. Wie sehen Sie das?

Varianten

Sie haben bereits den Impact »Am ausgestreckten Arm« kennengelernt, der in eine ganz ähnliche Richtung geht (siehe 2.9). Wer ständig kraftvoll zupackt, der landet eher früher als später in der Erschöpfung. Daher ist es sinnvoll, den Gummi gelegentlich zu entspannen oder das Glas vorübergehend abzusetzen. Diese Entspannungsphasen dienen der Regeneration. Sie können diesen Impact auch ganz ohne

Hilfsmittel machen, indem Sie die Mitarbeiterin bitten, Handfläche an Handfläche zu drücken, den Druck durch Gegendruck zu beantworten. Auch hier kommt es auf beiden Seiten zur Ermüdung. Suchen Sie sich auf jeden Fall eine Übung aus, die schnell zu einer muskulären Erschöpfung führt. Das kann auch ein rasches Gehen auf der Stelle sein oder das Tragen eines schweren Rucksacks, der mit der Zeit (gefühlt) immer schwerer wir. Das sind die Aufgaben, die wir uns aufladen.

Benötigtes Material & Setting

Material:	fester Gummiring
Setting:	Einzelsetting
Vorbereitung:	keine

Reflexionsfragen

- Wie ist bei Ihnen die Anspannung-Entspannung-Bilanz?
- Bei welchen Aufgaben lässt bei Ihnen gerade die Lust oder die Qualität nach?
- Womit können Sie kurzfristig anfangen, um wieder neue Kraft zu schöpfen?
- Wie steht es um die Pflege Ihrer sozialen Kontakte außerhalb der Arbeit?

Was mir als Idee dazu einfällt

2.25 Ausnahmen erkennen – Richtig und falsch hängt auch von der Zeit ab

Ziele & Einsatzmöglichkeiten

Zeitmanagement war und ist ein wichtiges Thema, sowohl im Beruf als auch privat. Und der souveräne Umgang mit der Zeit wird in Zukunft seine Bedeutung behalten, wahrscheinlich wird er sogar zunehmen. Dabei ist Zeit, genau genommen, keine endlose Ressource. Wenn wir von Zeitmanagement sprechen, meinen wir damit eigentlich Prioritätenmanagement: Wofür nehmen wir uns Zeit? Und wann ist der richtige Zeitpunkt, etwas zu tun oder zu lassen? Mit dem vorliegenden Impact sensibilisiere ich meine Klienten dafür, die Bewertung »richtig« oder »falsch« als Momentaufnahme in einem größeren (Zeit-)Kontext zu verstehen. Außerdem liegt die »richtige« Zeit für eine Entscheidung immer auch im Auge des Betrachters. Da ich bei dieser Intervention mit einer Analog-Armbanduhr mit Ziffernblatt arbeite (also mit einem kleinen Accessoire), setze ich den Impact in erster Linie im Zweiersetting oder in kleinen Gruppen ein.

Ablauf

Martin Sommer zählt zu der Kategorie Mitarbeiter, die gerne auf den »richtigen« Zeitpunkt warten, wenn es um Entscheidungen geht. Manchmal ist das vorteilhaft, denn dadurch hat er das eine oder andere Mal schon vorschnelle Entschlüsse vermieden und (teilweise sehr viel später) besonnen reagiert. Seine Tendenz zum Abwarten führt aber auch dazu, dass überhaupt keine Entscheidung getroffen wird, weil es »irgendwie den richtigen Zeitpunkt« nicht zu geben scheint. Sein Vorgesetzter hat sich daher entschieden, im Anschluss an eine Besprechung ein informelles Gespräch mit Martin Sommer zu führen.

Herr Sommer, ich habe eben wieder beobachten können, wie Sie eine anstehende Entscheidung umgangen haben, um sie weiteren Prüfungen zu unterziehen. Ich schätze Ihre Vorsicht, weil Sie dadurch ein wichtiges Gegengewicht zu den vielen Spontan-Entscheidern setzen, die wir ebenfalls in unseren Reihen haben – nicht immer zur Freude der Ergebnisse. (Pause) *Nun liegt der richtige Zeitpunkt natürlich immer im Auge des Betrachters und wir können nie wissen, ob es vielleicht nicht doch noch einen passenderen Zeitpunkt gegeben hätte. Das stellt uns vor die Herausforderung: Jetzt entscheiden mit Risiko oder gar nicht entscheiden, was ja auch ein Risiko beinhaltet.* (Pause) *Mir ist dazu eine Analogie eingefallen, die ich Ihnen anhand meiner Armbanduhr vorstellen möchte. Schauen Sie hier.* (Pause) *Diese Uhr steht. Ich habe das Stell-*

rädchen rausgezogen und damit das Uhrwerk angehalten. (Pause) *Obwohl diese Uhr nun keine Zeit mehr misst, bleiben zwei ganz wesentliche Tatsachen davon unberührt.* (Pause) *Erstens: Die Zeit läuft weiter, ob die Uhr steht oder nicht. Wir können die Zeit nicht anhalten. Während die Uhr steht, verändert sich die Welt um sie herum. Uhren teilen die Zeit in Einheiten ein, aber sie schaffen keine Zeit.* (Pause) *Zweitens: Auch wenn diese Uhr nun steht, hat sie doch eine besondere Eigenschaft. Sie geht zweimal am Tag richtig. Wenn Sie nämlich genau zu dem Zeitpunkt auf das Ziffernblatt schauen, wie es die stillstehenden Zeiger anzeigen, dann hat sie recht! Und das passiert sogar zweimal am Tag!* (Pause)

Mich interessiert, welche Parallelen Sie zwischen Ihrer Entscheidungsbereitschaft und dieser stillstehenden Uhr sehen. Wann haben Sie Ihre »richtigen Zeiten«, auch wenn Sie sich eine Entscheidungsauszeit nehmen? Und was versuchen Sie aufzuhalten oder zu vermeiden?

Varianten

Die Arbeit mit der Uhr ist auch dann eine tolle Analogie, wenn es um das Thema »Zeit sparen« geht. Innerhalb der Zeitmanagement-Lehre wurden Bücher damit gefüllt, wo wir überall Zeit sparen können. Zeit-Gurus kamen auf den Markt, die überall kluge Empfehlungen aussprachen, wo durch ordentliches Zeitmanagement Zeit zu sparen wäre. Inzwischen wissen es die Meisten: Wir sparen keine Zeit, in dem wir die Uhren anhalten. (Das kann man dem Mitarbeiter wieder sehr schön mit einer analogen Uhr demonstrieren.) Genauso wenig sparen wir Zeit, indem wir Arbeiten noch schneller erledigen, noch mehr Multitasking ausprobieren, noch »leaner« werden. Zeit ist kein Guthaben, das auf einem Konto geparkt werden kann. (Hier bietet sich zum Beispiel ein altes Sparbuch an, das Sie für das Gespräch vorbereiten können.) Dazu fällt mir folgende Geschichte ein, die ich mal im Internet entdeckt habe:

> Stelle dir vor, du hast bei einem Wettbewerb folgenden Preis gewonnen: Jeden Morgen, stellt dir die Bank 86.400 Euro auf deinem Bankkonto zur Verfügung. Doch dieses Spiel hat auch Regeln, so wie jedes Spiel bestimmte Regeln hat.
> Die erste Regel ist: Alles, was du im Laufe des Tages nicht ausgegeben hast, wird dir wieder weggenommen, du kannst das Geld nicht einfach auf ein anderes Konto überweisen, du kannst es nur ausgeben. Aber jeden Morgen, wenn du erwachst, eröffnet dir die Bank ein neues Konto mit neuen 86.400 Euro für den kommenden Tag.

> Zweite Regel: Die Bank kann das Spiel ohne Vorwarnung beenden, zu jeder Zeit kann sie sagen: Es ist vorbei. Das Spiel ist aus. Sie kann das Konto schließen und du bekommst kein neues mehr. Was würdest du tun??? Was würdest du entscheiden? Wo rein würdest du investieren? Nicht nur für dich selbst, auch für andere Menschen. Vielleicht sogar für Menschen die du nicht kennst, da du das nie alles nur für dich alleine ausgeben könntest … Du würdest versuchen, jeden Cent auszugeben und ihn zu nutzen, oder? Tatsächlich ist dieses Spiel die Realität, nur in einer anderen Währung: Jeder von uns hat so ein »magisches Bankkonto« … Wir sehen das nur nicht … Die magische Bank ist die Zeit … Jeden Morgen, wenn wir aufwachen, bekommen wir 86.400 Sekunden Leben für den Tag geschenkt, und wenn wir am Abend einschlafen, wird uns die übrige Zeit nicht gutgeschrieben … Was wir an diesem Tag nicht entschieden haben, ist verloren. Wir leben nur im Hier und Jetzt. Jeden Morgen beginnt sich das Konto neu zu füllen, aber die Bank kann das Konto jederzeit auflösen, ohne Vorwarnung … Was machst du also mit deinen täglichen 86.400 Sekunden???

Ebenfalls zu den Themen »Uhr« und »Zeit« gibt es ein tolles afrikanisches Sprichwort: »Die Europäer haben die Uhr. Wir haben die Zeit.« Sie könnten Ihrem Mitarbeiter zum Beispiel eine (neue oder alte?) Uhr übergeben mit den Worten: »Ich möchte Ihnen zukünftig mehr Zeit schenken. Dafür habe ich Ihnen diese Uhr mitgebracht. Freut Sie das?« Darüber kommen Sie dann ins Gespräch, wofür es sich lohnt, Zeit zu nehmen, und wo die Zeit knapp bemessen ist. Wo sind wir Europäer, wo sollten wir mehr Afrikaner sein?

Benötigtes Material & Setting

Material:	analoge Armbanduhr mit Zeigern
Setting:	Einzelsetting, kleines Team
Vorbereitung:	keine

Reflexionsfragen

- Wofür nehmen Sie sich Zeit?
- Wo versuchen Sie, Zeit zu sparen?

- Woran erkennen Sie Ihren »richtigen« Zeitpunkt, wenn Sie Entscheidungen treffen?
- Wann haben Sie zum letzten Mal Ihre Prioritäten überprüft?

Was mir als Idee dazu einfällt

2.26 Die drei Siebe – Wertschätzende Kommunikation

Ziele & Einsatzmöglichkeiten

Der »Flurfunk« gehört wohl zu den Dauereinrichtungen in Unternehmen, die trotz Automatisierung und Digitalisierung alle Umbrüche unbeschadet überstehen werden. Er ist eine Art soziales Schmiermittel: Der Flurfunk schafft Nähe im Kreis der Eingeweihten. Wer mitfunkt, gehört zum Kreis der Mehrwisser und verfügt schon über Insiderwissen, bevor es offiziell wird. Nicht immer ist dieses inoffizielle Wissen jedoch zuverlässige Information: Mehrwisser sind nicht unbedingt Besserwisser Die Gerüchteküche hat schon so manchen Brei verdorben, obwohl es gar nicht allzu viele Köche gab. Da reicht gelegentlich nur ein »Funker«, der falsche Informationen in Umlauf bringt. Dieser Impact unterstützt dabei, solchen Flurfunkern den Wind aus den Segeln zu nehmen. Er verfolgt das Ziel, ungeprüfte Aussagen kritisch zu hinterfragen und auf eine einfühlende, wertschätzende Kommunikation zu achten. Den Impact setze ich im Vieraugengespräch ein, wenn es um einen konkreten Adressaten geht. Ansonsten ist er durchaus auch publikumstauglich, wenn Sie vor einer größeren Gruppe allgemein über das Thema »Kommunikation« sprechen.

Ablauf

Frau Hoffmann sitzt an einer strategischen Stelle im Unternehmen: Sie ist die Sekretärin des Vertriebsleiters. Bei ihr laufen viele Informationen zusammen, die teilweise auch vertraulich zu behandeln sind. Deswegen ist es ihrem Chef besonders wichtig, dass dort mit absoluter Diskretion gearbeitet wird. Er weiß allerdings auch, dass Frau Hoffmann ein großes Netzwerk im Unternehmen hat und von vielen Seiten Informationen, oft aber auch Halbwahrheiten zugetragen bekommt. Möglicherweise, um als Depeschenträgerin zu arbeiten. Nachdem ihr Chef einige Male die Erfahrung machte, dass die Mitarbeiterin ungeprüft Informationen streute, nutzt er die Gelegenheit bei einem Vieraugenkontakt in seinem Büro.

Bevor Sie weitererzählen von Herrn Maier im Außendienst, Frau Hoffmann, möchte ich Ihnen eine Geschichte erzählen, die mit diesem Sieb hier zu tun hat. Schenken Sie mir dafür einen kurzen Moment Ihre Aufmerksamkeit? (Pause)

Dieses Sieb ist nur eines von drei Sieben, das der große Philosoph Sokrates bereits im Altertum nutzte. Sokrates war ein Kommunikationsexperte und legte großen Wert darauf, dass Sprache zur Klärung der Wahrheit eingesetzt wird. Er sprach selbst von »Hebammenkunst«. (Pause)

> Eines Tages kam einer zu Sokrates und war voller Aufregung: »He, Sokrates, hast du das gehört, was dein Freund getan hat? Das muss ich dir gleich erzählen.«
> »Moment mal«, unterbrach ihn der Weise. »Hast du das, was du mir sagen willst, durch die drei Siebe gesiebt?«
> »Drei Siebe?«, fragte der andere voller Verwunderung.
> »Ja, mein Lieber, drei Siebe. Lass sehen, ob das, was du mir zu sagen hast, durch die drei Siebe hindurchgeht.
> Das erste Sieb ist die Wahrheit. Hast du alles, was du mir erzählen willst, geprüft, ob es wahr ist?« (Pause) Der Vorgesetzte hält das Sieb sichtbar vor sich.
> »Nein, ich hörte es irgendwo und ...«
> »So, so! Aber sicher hast du es mit dem zweiten Sieb geprüft. Es ist das Sieb der Güte. Ist das, was du mir erzählen willst – wenn es schon nicht als wahr erwiesen ist –, so doch wenigstens gut?« (Pause)
> Zögernd sagte der andere: »Nein, das nicht, im Gegenteil ...«
> »Aha!«, unterbrach Sokrates. »So lass uns auch das dritte Sieb noch anwenden und lass uns fragen, ob es notwendig ist, mir das zu erzählen, was dich erregt?« (Pause) »Notwendig nun gerade nicht ...«
> »Also«, lächelte der Weise, »wenn das, was du mir da erzählen willst, weder erwiesenermaßen wahr, noch gut, noch notwendig ist, so lass es begraben sein und belaste dich und mich nicht damit!«

Ich stelle mir gerade die Frage, ob das, was Sie mir über Herrn Maier erzählen möchten, Frau Hoffmann, den Test der drei Siebe bestehen würde. Hier, nehmen Sie es ruhig in die Hand: Können Sie sicher sein, dass die Geschichte wahr, gut oder notwendig ist? (Pause) *Ich möchte Ihnen das Sieb gerne mitgeben, zusammen mit der Bitte, Aussagen immer mal wieder durchzusieben, damit Sie weder sich selbst noch andere damit beschweren.*

Varianten

Die Geschichte der drei Siebe ist nicht neu, jedoch wird sie meiner Meinung nach viel zu selten als effektive Impact-Technik eingesetzt. Dabei drängt sie sich geradezu auf, weil sie durch die Symbolik des Siebes und den Spannungsbogen einen hervorragenden multisensorischen Zugang schafft: durch die Geschichte (auditiv), die inneren Bilder und das Sieb (visuell) und das Greifen des Siebes (kinästhetisch).

Wenn Sie das Sieb als Erinnerungshilfe mitgeben möchten, eignen sich kleine Küchensiebe, wie man sie beim Backen verwendet. Eine günstige Alternative sind Kaffeefilter. Dann sollten Sie die Geschichte allerdings umschreiben, denn ich glaube, Sokrates kam noch nicht in den Genuss von Papier-Kaffeefiltern.

Das Sieb als Symbol ist auch für andere Impacts toll geeignet. Beauftragen Sie mal einen Mitarbeiter, mit einem Sieb einen Eimer Wasser leer zu schöpfen. Er wird es für aussichtslos halten. Genauso aussichtslos sind manche Versuche, Dinge zu ändern, die unabänderlich sind.

Benötigtes Material & Setting

Material:	Haushaltssieb
Setting:	Einzelsetting oder Gruppe
Vorbereitung:	keine

Reflexionsfragen

- Für welche »Flurfunk-Geschichten« sind Sie besonders empfänglich?
- Was tun Sie, um den Wahrheitsgehalt einer Geschichte zu prüfen?
- Gibt es für Sie noch ein weiteres Sieb?
- Was bedeutet wertschätzende Kommunikation für Sie?

Was mir als Idee dazu einfällt

2.27 Auf der Stelle treten – Resignation entgegenwirken und motivieren

Ziele & Einsatzmöglichkeiten

Das Körpererleben hat bei der Arbeit mit Impacts einen hohen Stellenwert. Wo immer es geht, drücke ich meinen Klienten einen Gegenstand in die Hand, lasse sie eine Bewegung ausführen oder selber mit etwas experimentieren. Das unmittelbare Körpererleben sorgt für eine intensive Verankerung der Botschaft. Ich kann nicht oft genug betonen, wie wichtig diese multisensorische Arbeit ist. Der Impact »Auf der Stelle treten« greift diese Körperarbeit unmittelbar auf. Das Schöne daran: Sie brauchen keinerlei Material. Der Körper ist das Kapital! Die Technik setze ich ein, wenn ein Klient das Gefühl hat, nicht vom Fleck zu kommen, auf der Stelle zu treten. Durch die Körperbewegung kann er unterschiedliche Erfahrungen machen: Einerseits verbraucht er zwar Kraft durch die ständige Bewegung, kommt aber nicht wirklich weiter. Andererseits hat er vielleicht nur das Gefühl, auf der Stelle zu treten, er ist aber auf einer Treppe nach oben unterwegs. Der Impact eignet sich sowohl für das Einzelsetting als auch für größere Gruppen. Lassen Sie ruhig mal bei einem Vortrag alle Zuschauer aufstehen und auf der Stelle treten. Da kommt nicht nur Bewegung ins Spiel, sondern auch noch Rhythmus.

Ablauf

Anne Schön wirkt in der letzten Zeit sehr unzufrieden. Obwohl ihr Vorgesetzter ihre Arbeitsergebnisse sehr schätzt, scheint sie zunehmend antriebslos, manchmal sogar auffallend pessimistisch, was so gar nicht zu ihr passt. Der Teamleiter hat Frau Schön zu einem Gespräch in sein Büro gebeten. Es soll um den Fortschritt in einem laufenden IT Projekt gehen. Bei dieser Gelegenheit möchte er ihr auch seine Wahrnehmung mitteilen.

Die Fakten wären soweit alle auf dem Tisch, Frau Schön, ich danke Ihnen für die guten Ergebnisse aus diesem Projekt. (Pause) *Bevor Sie gehen, möchte ich noch eine Wahrnehmung von mir ansprechen. Mich interessiert dazu Ihre Meinung.* (Pause)

Seien Sie doch so nett und stellen Sie sich mal hier in die Mitte des Raumes. Ja, ganz einfach so gerade hinstellen, Arme hängen lassen, genau so. (Pause) *Und nun bitte ich Sie, langsam anzufangen, auf der Stelle zu treten. Genau, kleine Bewegungen, ohne die Stelle zu verlassen, einfach am Punkt in Bewegung kommen.* (Pause) *Und nun machen*

Sie an dieser Stelle größere und schnellere Bewegungen, machen Sie sich ruhig ein bisschen warm. (Pause) *Bleiben Sie in dieser Bewegung. Sehr gut.* (Pause)

Während Sie jetzt weiter auf der Stelle treten, möchte ich Ihnen eine Wahrnehmung mitteilen, Frau Schön. Ich habe in den letzten Wochen den Eindruck, als ob Sie, trotz großem Einsatz, auf der Stelle treten, zurzeit keine Richtung haben, sich von irgendetwas nicht richtig lösen können. (Pause) *Wenn Sie da jetzt so auf der Stelle treten, wie fühlt sich das an? Gibt es einen körperlichen und einen inhaltlichen Zusammenhang zwischen Ihrer Arbeitssituation und dem Treten auf der Stelle?* (Pause) *Wenn Sie möchten, können Sie jetzt natürlich stehenbleiben. Wobei: Manche Menschen treten lieber auf der Stelle, weil sie Stillstand noch weniger aushalten können. Wie ist das bei Ihnen?*

Der Impact »Auf der Stelle treten« eignet sich, um ihn mehrfach beim gleichen Mitarbeiter einzusetzen, sofern das Thema aktuell bleibt. Er ist so eingängig, dass in der Folge gar keine Worte mehr nötig sind. Wenn Sie im Beisein des Mitarbeiters einfach selbst in die Körperbewegung gehen (also auf der Stelle treten), werden Sie bei Ihrem Gegenüber sofort die Inhalte des Gespräches in Erinnerung rufen. Das Bewegen am Platz können Sie durch entsprechende emotionale Aufladung zu einem starken Ressourcen-Anker machen.

Dieser Impact zählt zu meinen Favoriten. Das Gefühl, irgendwie nicht weiterzukommen, teilen die meisten meiner Klienten. Und auch als Führungskraft habe ich gelegentlich die Erfahrung gemacht, dass meine Mitarbeiter (und ich selbst) wie festgefahren waren und nicht vom Fleck kamen.

Varianten

Eine Klientin hat mir einmal davon erzählt, dass sie die beruflichen und privaten Veränderungen »total aus der Bahn werfen«. Ich griff dieses Sprachbild auf und zeichnete mit Kreppband eine Art »Fahrspur« auf den Boden. Die Klientin erhielt den Auftrag, innerhalb dieser Spur schnell auf und abzugehen. Was gar nicht so leicht war, wie sich schnell herausstellte, denn die eng gezogene Kurve warf die Dame im wahrsten Sinne des Wortes »aus der Bahn«. Wir kamen über diese körperliche Erfahrung auf den Elchtest zu sprechen und auf eine Stabilisierungshilfe, die wir zusammen erarbeiten konnten.

Sie können Ihren Mitarbeiter auch dazu einladen, wie fest verwurzelt auf der Stelle stehen zu bleiben. Gleichzeitig soll er nach Objekten greifen, die Sie ihm (natürlich in unerreichbarer Entfernung) anreichen. Durch diese Übung wird die Spannung gut sichtbar zwischen dem Bewahren und dem Sich-Öffnen für Neues.

Experimentieren Sie mit Körperbewegung. Unser Körper ist ein hervorragender »Resonanzkörper«, der wichtige Botschaften für uns bereithält. Noch bevor unser Bewusstsein klar hat, worum es überhaupt geht, hat unser Körper schon wesentliche Informationen zur Verfügung gestellt. Nutzen Sie das Körpergedächtnis.

In großen Unternehmen können Sie die Rolltreppe als Impact-Hilfe nutzen. Gehen Sie eine Zeitlang in die falsche Richtung und erleben Sie, wie wenig Sie sich von der Stelle bewegen.

Benötigtes Material & Setting

Material:	keines
Setting:	Einzelsetting bis zu großen Gruppen
Vorbereitung:	keine

Reflexionsfragen

- Wo haben Sie das Gefühl, Energie zu verschwenden?
- Wofür könnte das »Auf-der-Stelle-Treten« im Moment gut sein?
- Was hat Ihnen in der Vergangenheit geholfen, wenn Sie »festgefahren« waren?
- Wo nehmen Sie die Kraft her, so dauerhaft in Bewegung zu bleiben?

Was mir als Idee dazu einfällt

2.28 Wenn der Schuh drückt – Veränderung braucht Ausdauer

Ziele & Einsatzmöglichkeiten

Diesen Impact setze ich besonders gerne dann ein, wenn es um Veränderungsprozesse geht. Dazu zählen auch Themen wie Gewohnheiten, Ausdauer und der passende Rahmen (also der Veränderungskontext). Der drückende Schuh ist deshalb so aussagekräftig, weil jeder schon mal die Erfahrung mit drückenden Schuhen gemacht hat und nachvollziehen kann, wie schmerzhaft das ist. Wenn Sie den Schuh tatsächlich zum Anziehen anbieten, dann ist ein Einzelsetting vorteilhaft. Wenn Sie den Schuh als Vorzeige-Requisite nutzen möchten, dann können Sie den Impact auch vor größerem Publikum einsetzen.

Ablauf

Andreas Michel ist nicht unbedingt der Prototyp eines Change-Agenten. Er hält lieber an alten Traditionen fest und schätzt den Spruch »Schuster, bleib bei deinen Leisten«. Das führt dazu, dass Herr Michel bei anstehenden Veränderungen sehr schnell wieder in gewohnte Verhaltensmuster zurückfällt, sich sogar noch dafür stark macht, weil die Vergangenheit ja doch besser war. Weil Andreas Michel durch sein Verhalten das ganze Team ausbremst, hat sein Vorgesetzter ihn zu einem Gespräch eingeladen.

Herr Michel, ich habe Ihnen hier einen Schuh bereitgestellt. Sind Sie doch so nett und fahren mal mit Ihrem Fuß hinein. (Pause) Womöglich wird Herr Michel schon ahnen, dass ihm der Schuh zu klein ist. Trotzdem animiert ihn der Vorgesetzte, doch einen Versuch zu wagen. Als Unterstützung bietet er Michel sogar einen Schuhlöffel an. (Pause) Trotz gutem Willen: Der Schuh passt nicht oder drückt.

Lassen Sie mich Ihnen eine kurze Schuhgeschichte erzählen, die in engem Zusammenhang steht mit diesem kleinen Schuhtest:

> In einem fernen Land lebte ein Kaiser, der liebte Schuhe über alles. Seine kaiserlichen Schuhmacher waren stets damit beschäftigt, ihm die neuesten und schönsten Schuhe anzufertigen. Trotzdem war er unzufrieden, denn egal wie schön die Schuhpaare auch ausfielen, keines wollte ihm so richtig passen: Entweder waren sie zu klein, zu groß oder sie drückten ihn, so wie es die Erbse bei der Prinzessin bereits vorher getan hatte.

Er ließ daher alle Schuhmacher des ganzen Kaiserreiches an den Hof kommen. Wer es schaffe, so versprach er, ihm ein bequemes Paar Schuhe anzufertigen, der solle so viel Gold bekommen, wie in die beiden Schuhe passt. Da reihten sich die Schumacher aneinander und entwarfen dem Kaiser die schönsten Schuhe aus den edelsten Materialien. Aber egal ob sie aus Leder waren, aus Seide oder Holz, jedes Mal drückte den Kaiser irgendwo anders der Schuh.

Nun hatte er im Ausland von einem bekannten Schuhmachermeister gehört. Mit diesem wollte er noch einmal einen Versuch wagen. Nachdem er mit dem Meister Kontakt aufgenommen hatte, folgte er seiner Einladung. Der Kaiser musste jedoch eine Bedingung erfüllen: Den Weg zur Werkstatt des Schuhmachermeisters hatte er zu Fuß in jenen Schuhen zurückzulegen, die ihm am besten gefielen.

Da machte sich also der Kaiser zähneknirschend auf den Weg. Am ersten Tag litt er Höllenschmerzen, denn die Schuhe drückten und kniffen ihn überall. Am zweiten Tag rieben sie ihn an der Ferse. Am dritten Tag waren sie etwas eng am Vorderfuß. Am vierten Tag fand der Kaiser die Farben herrlich und am fünften Tag kam er beim Schuhmachermeister an und bewunderte dessen schöne Werkstatt.

»Nun«, sagte der Meister, »was tragt ihr für herrliche Schuhe an euren kaiserlichen Füßen? Ein schöneres Paar könnte auch ich nicht für euch erschaffen. Wo drückt denn der Schuh?« Da spürte der Kaiser in seine zierlichen Füße hinein und stellte fest, dass kein Kneifen und kein Drücken, kein Reiben und kein Zwicken mehr festzustellen war.

»Seht ihr«, sagte da der Meister, »wenn man erst mal seinen Weg gegangen ist, dann passen die Dinge plötzlich.« Und ohne auch nur einen Handstrich getan zu haben, wurde er vom Kaiser für sein handwerkliches Können stattlich belohnt.

Wie weit sind Sie inzwischen, Herr Michel, den Veränderungsweg schon mit uns gegangen? Nicht jeder Schuh ist passend und manchmal braucht man ein gutes Stück Durchhaltevermögen, um die Früchte der Veränderung zu ernten. (Pause) *Wie denken Sie darüber?*

Diese Geschichte habe ich für das Buch »Erzählbar II« geschrieben, das ihnen eine Fülle weiterer toller Ideen für wirksame Impacts liefert. Schauen Sie im Literaturverzeichnis nach.

Varianten

Hier noch eine andere Geschichte von dem großen Jorge Bucay, der mit seinen Veröffentlichungen eine wahre Fundgrube an Impact-Vorlagen liefert:

Ein Mann betritt einen Schuhladen und ein freundlicher Verkäufer kommt auf ihn zu.

Verkäufer: Was kann ich für Sie tun, mein Herr?
Mann: Ich hätte gern ein Paar schwarze Schuhe, genau wie die im Schaufenster.
Verkäufer: Sehr gerne, mein Herr. Sie tragen Größe … einundvierzig. Nehme ich an?
Mann: Nein. Größe neununddreißig, bitte.
Verkäufer: Entschuldigen Sie, der Herr, ich bin seit zwanzig Jahren in dieser Branche und Sie müssten Größe einundvierzig haben. Vielleicht vierzig, aber auf keinen Fall die neununddreißig.
Mann: Ich möchte Größe neununddreißig, bitte.
Verkäufer: Darf ich freundlicherweise Ihren Fuß messen?
Mann: Messen Sie, soviel Sie wollen, ich möchte ein Paar Schuhe in Größe neununddreißig.

Der Schuhverkäufer holt aus einer Schublade einen dieser seltsamen Apparate, mit denen man die Füße vermisst, und ruft mit Genugtuung aus: »Sehen Sie, ich hab's ja gesagt: einundvierzig!«

Mann: Guter Mann, wer bezahlt denn die Schuhe, Sie oder ich?
Verkäufer: Sie.
Mann: Also gut. Dann bringen Sie mir bitte ein Paar in Größe neununddreißig.

Resigniert und verständnislos geht der Schuhverkäufer ein Paar Schuhe in Größe neununddreißig holen. Unterwegs geht ihm ein Licht auf. Die Schuhe sind nicht für den Mann, sondern sicherlich sollen sie ein Geschenk sein.

Verkäufer: Bitte, mein Herr, da sind sie: schwarz, Größe neununddreißig.
Mann: Haben Sie einen Schuhlöffel?
Verkäufer: Sie wollen sie anziehen?
Mann: Ja, natürlich.
Verkäufer: Dann sind sie also für Sie bestimmt?

Mann: Für wen denn sonst? Einen Schuhlöffel, bitte!

Um diesen Fuß in den Schuh zu quetschen, ist ein Schuhlöffel unabdingbar. Nach mehreren Anläufen und unter den absurdesten Verrenkungen gelingt es dem Kunden, den ganzen Fuß in den Schuh zu zwängen. Stöhnend und mit schmerzverzerrtem Gesicht läuft er ein paar beschwerliche Schritte auf dem Teppich.

Mann: Fabelhaft. Ich nehme sie.

Beim Gedanken an die zusammengequetschten heißen Zehen in den neununddreißiger Schuhen bekommt der Verkäufer Fußschmerzen.

Verkäufer: Soll ich sie Ihnen einpacken?
Mann: Nein, danke. Ich behalte sie gleich an.

Der Kunde verlässt das Geschäft und läuft, so gut es geht, die drei Häuserblöcke bis zu seiner Arbeitsstelle. Er ist Kassierer in einer Bank. Um vier Uhr nachmittags, nachdem seine Füße mehr als sechs Stunden in diesen Schuhen gesteckt haben, steht ihm der Schmerz ins Gesicht geschrieben, seine Augen sind gerötet und Tränen fließen ihm über die Wangen. Der Kollege an der Nachbarkasse hat ihn den ganzen Nachmittag über mit wachsender Sorge beobachtet.

Kollege: Was ist los mit dir? Geht's dir nicht gut?
Mann: Doch, doch. Es sind nur die Schuhe.
Kollege: Was ist denn mit deinen Schuhen?
Mann: Sie drücken.
Kollege: Wieso? Sind sie nass geworden?
Mann: Nein, sie sind zwei Nummern kleiner als mein Fuß.
Verkäufer: Wessen Schuhe sind es denn?
Mann: Meine.
Kollege: Das soll einer verstehen. Tun dir die Füße nicht weh?
Mann: Sie bringen mich fast um, meine Füße.
Kollege: Wie jetzt?
Mann: (schluckt) Also gut, ich erklär's dir. Mein Leben hat nicht gerade viel Erfreuliches zu bieten. Eigentlich hat es in der letzten Zeit nur ganz wenige angenehme Momente gegeben.

Kollege:	Und?
Mann:	Diese Schuhe bringen mich um. Natürlich leide ich Höllenqualen, aber wenn ich in einer Stunde nach Hause komme und sie ausziehe … Was glaubst du, was das für ein Wohlgefühl ist. Das reine Vergnügen. Ein wahrer Genuss.

Die Kombination von spannenden Storys und kurzen Inszenierungen ist perfekt. Hören Sie deshalb genau hin, wenn Ihnen gute Geschichten begegnen, und überlegen Sie, wie Sie daraus einen wirksamen Impact ableiten können.

Benötigtes Material & Setting

Material:	Schuhe, Schuhlöffel
Setting:	Einzelsetting oder Gruppe
Vorbereitung:	keine

Reflexionsfragen

- Wo könnten Sie mehr Ausdauer gebrauchen?
- Passt Ihr Schuh auch zu Ihrem aktuellen Weg?
- Welchen Schuh ziehen Sie sich gerne an, obwohl er gar nicht zu Ihnen passt?
- Von welchem alten Paar Schuhen möchten Sie sich gerne trennen?

Was mir als Idee dazu einfällt

2.29 Immer die gleiche Kassette abspielen – Neue Töne anschlagen und für andere Gedanken offen werden

Ziele & Einsatzmöglichkeiten

Das gute alte Magnetband ist in die Jahre gekommen. Kassetten und deren Abspielgeräte findet man heute kaum noch. Sie sind aus der Zeit gekommen. Durch moderne Datenträger gehört auch der gefürchtete »Bandsalat« der Vergangenheit an. Kassetten (ob kleine Musikkassetten oder die großen Videokassetten) nutze ich gerne, wenn ich auf alte Gewohnheiten hinweisen möchte. Außerdem können Kassetten überspielt werden, es ist eben nicht immer nur die »alte Leier« zu hören, wie das zum Beispiel auf Vinyl-Schallplatten der Fall ist. Sie sind also auch ein schönes Symbol dafür, doch mal ein »anderes Band abzuspielen« oder »eine andere Kassette einzulegen«. Außerdem können Sie das Band auch demonstrativ aus der Kassette ziehen und zerreißen, um deutlich zu machen, dass damit die »alten Töne« endgültig der Vergangenheit angehören. Den Kassetten-Impact nutze ich sowohl im Einzelsetting als auch vor großem Publikum auf der Bühne.

Ablauf

Bei meinen Coaching-Klienten gibt es eine besonders auffallende Gemeinsamkeit. Die meisten von ihnen neigen dazu, immer wieder die gleichen Geschichten zu erzählen. Sie sind wahre Meister darin, ihre Narrationen (wie es in der Fachsprache heißt) kontinuierlich auszuschmücken. Dieses ständige Wiederholen führt oft dazu, dass das erlebte Problem zusätzlich gefestigt wird. Die Geschichte wird immer wieder lebendig. Auch während meiner Zeit als Personalverantwortlicher beobachtete ich diese allzu menschliche Neigung: ob alte Firmengeschichten immer wieder neu aufgelegt wurden, sich Besprechungen wieder und wieder um die gleichen Geschichten drehten oder einzelne Mitarbeiter auf Standardantworten zurückgriffen. Und natürlich: Auch ich habe Kassetten in mir, die ich besonders oft und gerne nutze. Daran arbeite ich dann mit meinem Supervisor.

Marianne Klein nutzt gerne die Kassette »Im Moment passt das gerade nicht«. Kassetten sind ja zweiseitig bespielbar. Auf Seite zwei spielt der Titel »Ich warte auf den richtigen Zeitpunkt«. Vielleicht erinnert Sie Frau Klein spontan an einen Menschen in Ihrer Umgebung. Die Kassette ist extrem weit verbreitet.

Der Vorgesetzte von Frau Klein wird zunehmend ungeduldig. Er hat den Eindruck, dass Marianne auch in zehn Jahren noch auf den richtigen Zeitpunkt wartet, mal aus ihrer Komfortzone herauszukommen. Die Mitarbeiterin scheut Veränderungen wie der Teufel das Weihwasser. Aus diesem Grund hat er Frau Klein zu einem Gespräch in sein Büro gebeten. Wohlwissend, dass die Mitarbeiterin schnell »gute« Gründe finden wird, den Zeitpunkt für eine Veränderung infrage zu stellen, wenn er das Gespräch darauf bringt. Ganz bewusst lenkt er die Unterhaltung daher auch auf dieses Thema. Impact-Techniken können durchaus provokativ wirken. Je eher der Mitarbeiter im Gespräch in seinen alten Denk- und Verhaltensmustern unterwegs ist, desto intensiver kann der Impact seine Wirkung entfalten.

Frau Klein, wann starten Sie mit der Einführung des Daily Scrum in Ihrem Team? Die Mitarbeiterin erklärt, warum das im Moment problematisch ist und voraussichtlich in der nächsten Woche die Voraussetzungen besser sind. (Pause) Der Vorgesetzte schaut die Mitarbeiterin einige Sekunden an.

Ich habe mir für unsere Unterhaltung etwas zurechtgelegt, Frau Klein. Schauen Sie hier – schon ein bisschen in die Tage gekommen, aber ich bin sicher, Sie kennen die Dinger noch. Der Vorgesetzte holt das Tonband hervor und drückt es Frau Klein in die Hand. (Pause) *Wie kann ich wohl auf die Idee kommen, einen Zusammenhang herzustellen zwischen Ihrer Antwort und der Kassette?* (Pause) Wenn die Mitarbeiterin jetzt selber eine Antwort liefert – umso besser. Oft ist das ein Beleg dafür, dass die Impact-Botschaft gar nicht so überraschend kommt.

Ich habe das Gefühl, dass Sie hier gerade wieder eine alte Kassette abspielen. Die »Geht nicht«-Kassette. Und, wie sagt man so schön, diese Kassette haben Sie mir eben mal wieder ins Ohr gedrückt. (Pause) *Nun hat eine Kassette ja bekanntlich zwei besondere Eigenschaften. Es gibt eine Seite zwei. Und das Tonband kann neu bespielt werden.* (Pause) *Ich möchte Sie gerne dabei unterstützen, die richtigen Knöpfe zu drücken, um zu neuen Antworten zu kommen. Aber: Die Antworten müssen von Ihnen kommen. Und Sie selbst legen den Titel fest. Mich interessiert besonders die »Geht schon«-Seite. Und natürlich ist es auch notwendig, die Kassette überhaupt einzulegen und den Startknopf zu drücken. Wenn Sie immer nur im Pause-Modus bleiben oder gar zurückspulen, werden Sie nie erfahren, welche Inhalte da auf Sie warten.* (Pause) *Wie bekommen Sie die Kassette ans Laufen, um sie mit neuen Inhalten zu füllen?*

Wenn die Mitarbeiterin künftig wieder in die gewohnten Verhaltensmuster zurückfällt (und Gewohnheiten sind mächtig), dann können Sie wunderbar mit der Kassette (ob als Gegenstand oder Begriff) an das Gespräch erinnern. Ich erlebe oft, dass diese Symbolik als eine Art Insiderwissen verstanden wird und durchaus ein Lächeln hervorruft. Das ist eine gute Ausgangsbasis für das Umdenken.

Varianten

Alternativ zu der »alten Kassette«, die man anderen Leuten ins Ohr drückt, gibt es auch die »alte Leier«. Die »alte Leier« steht als Sinnbild für Eintönigkeit und wenig Abwechslung (durch die wenigen Saiten an diesem alten Zupfinstrument). Nun hat nicht jeder gerade mal eine Leier im Büro herumstehen. Es gibt aber eine gute Alternative. In Souvenirläden und auf Jahrmärkten gibt es oft Stände, die kleine Taschen-Leierkästen anbieten. Die haben keine austauschbare Walze und können daher immer nur ein und dieselbe Melodie spielen, oft auch nur ganz kurze Sequenzen.

Diese Taschen-Leiern finde ich hervorragend dafür geeignet, immer wieder die gleiche Leier abzuspielen. Drücken Sie Ihrer Mitarbeiterin die Leier in die Hand. Motivieren Sie sie, immer weiter zu leiern, auch wenn es schwerfällt, die ständig gleiche Melodie zu ertragen. Dann können Sie auf den Punkt kommen: »Was haben diese Endlosschleife und Ihre Erklärungen gemeinsam?«

Benötigtes Material & Setting

Material:	Kassette
Setting:	Einzelsetting
Vorbereitung:	keine

Reflexionsfragen

- Was können Sie besonders gut runterleiern?
- Was könnten Sie auf Seite zwei Ihrer Kassette womöglich entdecken?
- Wo brauchen Sie viel Sicherheit, wo weniger?
- Welche Knöpfe muss man bei Ihnen drücken, um zum Beispiel »vorzuspulen«?

Was mir als Idee dazu einfällt

2.30 Die Landkarte ist nicht die Landschaft – Die Wahrnehmung nicht mit der Wirklichkeit verwechseln

Ziele & Einsatzmöglichkeiten

Wenn es darum geht, die Aufmerksamkeit auf das Thema »Wahrnehmung und Wahrheit« zu lenken, greife ich gerne auf den Landkarten-Impact zurück. »Die Landkarte ist nicht die Landschaft« ist eine zentrale Aussage aus dem Neuro-Linguistischen Programmieren (NLP). Sie macht deutlich, dass wir unsere geistigen Landkarten, also die Bilder, Erfahrungen und Erwartungen in unserem Kopf, oft mit der Realität verwechseln. Deshalb ist es wichtig, sich seiner inneren Landkarten bewusst zu sein und deren Wirkung zu kennen. Nutzen Sie diesen Impact, um über subjektive Wahrheiten ins Gespräch zu kommen, andere Wahrnehmungen zu berücksichtigen oder um Denkmuster zu identifizieren. Wenn Sie die Landkarte auf den Boden legen, um darauf herumzulaufen, dann ist der Impact für das Einzelsetting gedacht. Sie können die Landkarte aber auch vor größerem Publikum langsam auffalten, alle Anwesenden zu einer Reise einladen und anschließend den Unterschied zwischen Landkarte und Landschaft erklären.

Ablauf

Karl Zimmermann gehört zu jenen Mitarbeitern, die ihre Meinung äußern und diese auch vertreten. Er bezieht Position, was sein Vorgesetzter durchaus schätzt. Die Nebenwirkung bei ihm ist, dass er wenig tolerant ist gegenüber anderen Wahrnehmungen und Meinungen. Er begibt sich oft unnötigerweise in eine Angriff-Verteidigung-Stellung. Damit macht er nicht nur seine eigenen Grenzen dicht, sondern wird immer weniger aufnahmefähig für weitere Argumente. Andere Kollegen (und auch der Vorgesetzte selbst) erleben dies als extrem anstrengend im Austausch mit Karl. Daraus folgt wenig Interesse an kontroversen Gesprächen. Deshalb hat sich sein Vorgesetzter entschlossen, mit Herrn Zimmermann das Thema »Wahrheit« in einem Vieraugensetting aufzugreifen. Allerdings will er das übliche »Wortgefecht« multisensorisch ablösen, und zwar durch den Landkarten-Impact.

Herr Zimmermann, ich möchte Sie gerne auf einen kurzen Ausflug mitnehmen. Einen Ausflug, den Sie einerseits schon zigfach gemacht haben, andererseits auf diese Art und Weise jetzt womöglich ganz neu erleben. (Pause)

Schauen Sie, ich habe Ihnen hier Koblenz mitgebracht, die schöne Stadt an Rhein und Mosel. (Pause) Langsam entfaltet der Vorgesetzte die Landkarte und legt sie auf dem Boden aus.

Sind Sie doch so nett und stellen Sie sich mal hier oben an diesen zentralen Punkt, wo Rhein und Mosel zusammenfließen. (Pause) Der Vorgesetzte wartet, bis Herr Zimmermann sich tatsächlich auf diesen Punkt auf der Landkarte gestellt hat, auch wenn das ziemlich schwerfällt bei dem Maßstab. *Nun nehmen Sie mal wahr: Sehen Sie das stolze Reiterdenkmal auf seinem Sockel? Hören Sie das Rauschen von Vater Rhein und Mutter Mosel? Fühlen Sie die Sonne auf Ihrer Haut? Nehmen Sie sich einen Moment Zeit, um alles ganz intensiv zu erspüren.* (Pause) *Und? Was erleben Sie gerade?* (Pause) Der Vorgesetzte holt sich eine Rückmeldung ab. Wahrscheinlich wird Herr Zimmermann antworten, dass er keine Empfindungen hat, da es sich ja nicht wirklich um Koblenz handelt. Sollte er tatsächlich zu Sinneseindrücken kommen, wäre das bereits ein Beleg für die »Konstruktion von Wahrheit« und deren subjektiver Wirkung.

Nun verrücken Sie sich doch bitte noch nach hier oben, auf die Festung Ehrenbreitstein. Von hier hat man einen wunderbaren Blick auf die gesamte Koblenzer Innenstadt und die Vordereifel. (Pause) *Was nehmen Sie hier oben wahr? Fassen Sie mal zusammen.* (Pause) *Und zum Schluss machen Sie doch noch einen Stadtrundgang. Laufen Sie dazu einfach entlang der alten Stadtmauer und entdecken Sie die Schönheiten der Stadt.* (Pause)

Nun verabschieden Sie sich bitte aus Koblenz und kommen Sie wieder zurück in mein Büro. Herzlich willkommen im Job. (Pause)

Und jetzt erzählen Sie mal: Wie war die spontane Städtetour nach Koblenz? (Pause) Der Vorgesetzte hört sich die Eindrücke von Herrn Zimmermann an. Dann ergänzt er: *Die Reise nach Koblenz steht stellvertretend für jede andere Stelle auf diesem Globus. Und auch für unsere Einstellungen, Verortungen und Positionen. Da sind wir nämlich auch ständig auf Landkarten unterwegs. Das sind unsere inneren Landkarten, die wir zur Orientierung brauchen. Sie geben uns Halt und Sicherheit. Und trotzdem bleiben es innere Landkarten, die mit dem Ort da draußen, dem wirklichen Koblenz, wenig gemeinsam haben. Manchmal verwechseln wir aber die Landkarte mit der Landschaft. Wir denken, unsere innere Landkarte sei die Welt da draußen. Dann verteidigen wir diese inneren Maßstäbe manchmal bis aufs Blut, weil wir Angst haben, unser Weltbild kommt total aus den Fugen. Dabei ist das Gegenteil der Fall: Wenn wir andere Landkarten und Maßstäbe kennenlernen, dann können wir unsere innere Landkarte weiter differenzieren, Nebenstrecken erkennen, neue spannende Orte kennenlernen.* (Pause) *Eine gute Voraussetzung dafür ist, seine eigenen Landkarten zu kennen und sie nicht mit der Landschaft zu verwechseln.* (Pause) *Mein Eindruck ist, dass Sie sehr viel Wert darauf legen, Ihre Landkarten als alleinigen Maßstab zu verteidigen. Dabei haben alle anderen Kollegen ihre eigenen Landkarten im Kopf und keiner von ihnen die Landschaft. Zugegeben, dafür wäre der Kopf auch ein bisschen klein.*

Herr Zimmermann, was halten Sie davon, wenn wir uns statt der Koblenz-Karte mal die individuellen Zimmermann-Karten anschauen?

Varianten

In einer Comedyshow ging es mal um Bielefeld. Ich weiß nicht mehr, welcher Comedian die Geschichte brachte, auch in YouTube war ich mit meiner Suche erfolglos. Auf jeden Fall fragte er sein Publikum, wer schon mal in Bielefeld war. Nur ein paar Arme gingen nach oben, die meisten Zuschauer waren noch nie im Leben in Bielefeld und sahen auch keinen Grund, dort hinzufahren. Trotzdem, so stellte der Comedian fest, glauben alle daran, dass es Bielefeld tatsächlich gibt. Es könnte ja auch der Fall sein, dass alle Landkarten manipuliert sind. Und Berichte aus Bielefeld irgendwo in einem Fernsehstudio in Berlin oder München aufgenommen wurden. Alles nur Fake. Offensichtlich macht es für uns Menschen gar keinen Unterschied, ob wir etwas schon mal tatsächlich erlebten oder für wirklich halten. Die Konsequenz ist die gleiche.

Es muss nicht immer eine ganze Stadt sein, die wir infrage stellen. Es reichen auch andere Vergleiche, um deren Existenz bzw. Wahrheit anzuzweifeln. Haben Sie schon mal eine Rakete gesehen? Waren Sie schon mal auf der Chinesischen Mauer? Ist Ihnen der Papst schon mal leibhaftig begegnet? Alles große Verschwörungen, nichts davon ist wahr. Oder doch, nur weil Sie Bilder davon gesehen und Geschichten darüber gehört haben? Kommen Sie mit Ihrem Mitarbeiter über kuriose Gegenstände, Orte oder Personen ins Gespräch, von deren Existenz er absolut überzeugt ist, aber keine eigene Erfahrung damit hat. Das Gespräch können Sie durch entsprechende Bilder, Karten oder Modelle unterstützen. Und dann arbeiten Sie mit ihm weiter an diesem »Modell der Welt« und dessen (Un-)Wahrheitsgehalt.

Benötigtes Material & Setting

Material:	Landkarte
Setting:	Einzelsetting und große Gruppen
Vorbereitung:	keine

Reflexionsfragen

- Wovon sind Sie hundertprozentig überzeugt?
- Wie finden Sie heraus, welchen inneren Landkarten Sie folgen?
- Wofür sind Sie besonders sensibel, wofür haben Sie weniger Antennen?
- Wie oft erforschen Sie fremde Landkarten?

Was mir als Idee dazu einfällt

2.31 Feuer und Flamme – Vom wirtschaftlichen Umgang mit Ressourcen, oder: Die Kunst der richtigen Dosierung

Ziele & Einsatzmöglichkeiten

In jedem Unternehmen geht es auch um die Frage, wie und wofür Ressourcen eingesetzt werden. Dabei muss es nicht immer um riesige Geldbeträge, Vorräte oder menschliche Arbeitskraft gehen. Im Gegenteil: Oft sind es gerade die kleinen Dinge, die große Wirkung entfalten. Der Impact »Feuer und Flamme« greift diese Idee wunderbar auf. Wenn Sie also Ihren Mitarbeiter anregen möchten, über Einsatz und Ergebnis nachzudenken, dann sollten Sie auf jeden Fall mal das Spiel mit dem Feuer wagen. Der Impact wirkt im Einzelgespräch besonders gut, weil Sie Ihrem Mitarbeiter dann das Material direkt in die Hand drücken können. Auf der Bühne vor größerem Publikum können Sie den Spannungsbogen durch eine entsprechende Geschichte und Körperbewegung plakativ unterstützen. So ähnlich, wie es Zauberkünstler auf der Bühne tun.

Ablauf

Der Impact »Feuer und Flamme« zählt zu meinen Favoriten, weil er mit minimalem Einsatz so große Wirkung entfacht. Das Spiel mit dem Feuer hinterlässt bei den meisten Menschen einen besonderen Eindruck, weil es neben Auge und Nase auch noch das Gefühl Wärme anspricht. Feuerzeuge, Streichhölzer, Wunderkerzen, alle brennbaren Mittel zählen bei mir zur Grundausstattung für die Arbeit mit Impact-Techniken.

Auch der Vorgesetzte von Ralf Neumann hat sich entschieden, diesen Impact in einem Mitarbeitergespräch einzusetzen. Er beobachtet schon seit Langem, dass Herr Neumann oft mit Kanonenkugeln auf Spatzen schießt. Anders gesagt: Der Zweck heiligt den Einsatz der Mittel nicht immer, wenn diese in einem unökonomischen Verhältnis zum Ergebnis stehen. Er möchte durch eine unterstützende Inszenierung an den wirtschaftlichen Umgang mit Ressourcen erinnern. Dafür hat er Ralf Neumann in sein Büro gebeten.

Hallo Herr Neumann, ich bin zwar kein Raucher, aber ein Feuerzeug in der Tasche kann auch als Nichtraucher den einen oder anderen guten Dienst erweisen. Ich möchte mit Ihnen ein kleines Experiment machen. Sind Sie dabei? (Pause)

Nachdem sich der Vorgesetzte die Zusage geholt hat und die Neugier geweckt ist, drückt er Herrn Neumann das Feuerzeug in die Hand. Anschließend greift er noch nach einem Blatt Papier und gibt es ebenfalls dem Mitarbeiter.

Ihr Auftrag besteht nun darin, mit dem Feuerzeug dieses Blatt Papier anzuzünden und abzubrennen. (Pause) *Weil Sie für diese Aufgabe Feuer und Flamme sind, stecken Sie auch alle Energie in den Auftrag. Stellen Sie also bitte die Flamme am Rädchen des Feuerzeugs auf höchste Flamme.* Er wartet, bis Herr Neumann die Einstellung am Feuerzeug vorgenommen hat. *Prima. Nun zünden Sie das Blatt an und lassen Sie es hier über dem Teller abbrennen.* (Pause)

Das war der erste Teil Ihrer Aufgabe Herr Neumann. Nun bitte ich Sie, ein weiteres Blatt Papier zu nehmen. Der Vorgesetzte wartet, bis der Mitarbeiter wieder mit Papier und Feuerzeug ausgestattet ist. *Nun entzünden Sie bitte ein weiteres Mal das Papier. Diesmal allerdings mit der kleinsten Flammeneinstellung am Feuerzeug.* Nachdem Ralf Neumann die Flammengröße reduziert hat, beobachten beide das Abbrennen des Blattes. (Pause)

Herr Neumann, wo sehen Sie im Ergebnis einen Unterschied? Herr Neumann sieht beide Blätter als Asche auf dem Teller liegen. Das Resultat ist identisch. Der Mitarbeiter kann keinen Unterschied nennen. (Pause) *Schauen wir uns das Feuerzeug an: Bei welchem der beiden Einstellungen wurde mehr Gas verbraucht?* (Pause) *Oder anders herumgefragt: Mit welchem Einsatz können Sie wohl mehr Blätter entzünden?* (Pause) Nachdem Ralf Neumann sich selber die Antworten gegeben hat, lenkt der Vorgesetzte den Blick wieder auf den Arbeitskontext: *Ich möchte mit diesem kleinen Experiment eine Parallele ziehen zu Ihrem Mitteleinsatz bei den laufenden Aufgaben. An welcher Stelle können Sie an den Rädchen drehen, um die Flamme zu verkleinern, ohne dass die Ergebnisse gefährdet werden?*

Varianten

Wenn Sie kein Feuerzeug zur Hand haben: Streichhölzer tun es auch. Lassen Sie den Mitarbeiter das Papier mit mehreren Streichhölzern anzünden, danach nur mit einem einzigen. Das Resultat bleibt gleich: ein bisschen Asche. Hier wird sogar besonders deutlich, dass ein eingesetztes, ausgeblasenes Streichholz anschließend nicht mehr zu gebrauchen ist. Der Verbrauch (oder die Verschwendung) wird unmittelbar materiell deutlich.

Oder bringen Sie Streichhölzer und Kerzen zusammen: Der Mitarbeiter soll fünf Kerzen jeweils mit einem separaten Streichholz entzünden. Anschließend fragen Sie ihn, wie ihm das mit weniger Streichhölzern gelingen kann. Ein Streichholz, das mehrere Kerzen entzündet, bis es heiß wird an den Fingern? Oder die erste brennende Kerze nutzen, um alle anderen zu entzünden? Lassen Sie den Mitarbeiter selber die Lösungen nennen, damit Sie anschließend den Transfer zurück in den Arbeitskontext herstellen können.

Benötigtes Material & Setting

Material:	Feuerzeug, zwei Blätter Papier
Setting:	Einzelsetting bis großes Publikum
Vorbereitung:	keine

Reflexionsfragen

- Bei welcher Tätigkeit könnten Sie Input und Output mal wieder überprüfen?
- Wo sind Ihre persönlichen Energie-Stellrädchen?
- Wobei sind Sie derart »Feuer und Flamme«, dass Sie vielleicht sogar zu viel des Guten tun?
- Manche Dinge müssen auf »kleiner Flamme« garen, damit sie gut werden. Welche sind das bei Ihnen?

Was mir als Idee dazu einfällt

2.32 Sich die Finger verbrennen – Rechtzeitiges Loslassen kann Schlimmeres verhindern

Ziele & Einsatzmöglichkeiten

»Sich die Finger an etwas verbrennen« ist ein schönes Wortbild für die negativen Konsequenzen aus unbesonnenem Handeln. Viele Menschen neigen dazu, an schmerzhaften Erfahrungen festzuhalten. Klingt komisch, ist aber energie- und sicherheitsrelevant. Loszulassen bedeutet Veränderung. Veränderung erfordert mehr Energie als der gewohnte Status quo. Außerdem birgt Veränderung auch ein Risiko. Immerhin könnte es anschließend noch schlimmer kommen. So bleiben viele Menschen ihren schmerzhaften Mustern treu und verbrennen sich ein ums andere Mal die Finger, schreien Aua und sind dabei, sich schon das nächste Streichholz anzuzünden usw. Wenn Sie also mit Ihrem Mitarbeiter über das Prinzip »Festhalten« sprechen möchten, dann eignet sich der Streichholz-Impact hervorragend. Weil die Hölzchen so klein sind, habe ich die Technik bisher nur im Einzelsetting eingesetzt. Aber es gibt auch große Streichhölzer. Wie wäre es, auf einer Bühne mit drei »Freiwilligen« zu testen, wer am längsten an seiner flammenden Gewohnheit festhalten kann, ohne sich die Finger zu verbrennen?

Ablauf

Ahmut Nahil ist ein hartnäckiger Zeitgenosse. Wenn er sich etwas vorgenommen hat, dann kann er sich richtig daran festbeißen. Von den Kollegen hat er daher den Beinamen »kleiner Terrier« bekommen. Ahmuts konsequente Zielverfolgung hat schon zu vielen guten Ergebnissen geführt – für ihn persönlich, für das Team und die ganze Firma. Gelegentlich kommt es allerdings vor, dass er sich in Tätigkeiten verbeißt, die nicht hilfreich sind. Ihm fällt es schwer, seine vertrauten Überzeugungen »Dranbleiben«, »Zum-Ende-Bringen« und »Aufgeben-heißt-Scheitern« beiseitezuschieben. Sein Chef hat sich daher etwas einfallen lassen, um Ahmut Nahil für den »richtigen Zeitpunkt des Loslassens »zu sensibilisieren«:

Hallo Ahmut, ich möchte heute über eine Kleinigkeit mit dir sprechen. Ja, wirklich eine Kleinigkeit, denn es geht um ein Streichholz. (Pause) Der Vorgesetzte greift zu einer Streichholzschachtel und nimmt ein Streichholz heraus. (Pause)

Das Streichholz kann große Wirkung entfalten, wenn es Feuer entfacht. Manchmal bist du wie ein Streichholz, wenn du mit deinem brennenden Engagement alle anderen ansteckst. (Pause) *Und das Streichholz verfolgt ein ganz klares Ziel: Dinge entzünden ist sein Auftrag. Auch du bist oft wie ein Streichholz. Du brennst für deine Ziele und hast deine Aufträge fest im Blick.* (Pause)

Bitte nimm jetzt mal dieses Streichholz und entzünde es an der Schachtel. Und dann halte es einfach in deinen Fingern fest und lasse uns beobachten, wie das Streichholz langsam abbrennt. Sonst machen wir einfach nichts. Ist das okay für dich? (Pause)

Nachdem der Vorgesetzte die Zustimmung erhalten hat, zündet Herr Nahil das Streichholz an. Beide schauen schweigend dem abbrennenden Streichholz zu. Irgendwann wird es dem Mitarbeiter aber zu heiß an den Fingern und er bläst die Flamme aus.

Ahmut, was machst du da? Das war nicht dein Arbeitsauftrag. Wieso hast du das Ziel des Abbrennens nicht konsequent verfolgt? (Pause) *Ich glaube, du hast gemerkt, dass irgendwann der Zeitpunkt gekommen ist, die Finger davon zu lassen, bevor man sie sich verbrennt. Das gilt nicht nur für dieses Streichholz. Oft halten wir an anderen Dingen fest, obwohl die Sache immer heißer wird: blockierende Gewohnheiten, veraltete Ziele, unrealistische Erwartungen. Ich habe bei dir den Eindruck, dass du nicht nur zupackst, was ich sehr schätze, sondern auch sehr lange festhältst, was manchmal brenzlige Folgen hat.* (Pause) *Nur wer loslässt, hat die Hände frei, um sich neuen Erfahrungen zuzuwenden und wieder neu anzupacken. Wie siehst du das?*

Varianten

Der Impact »Am ausgestreckten Arm« mit dem Wasserglas greift eine ähnliche Botschaft auf (siehe 2.9). Wenn wir nur lange gut an etwas festhalten, erleben wir es als zunehmend schwer. Neben der Schwere und dem Feuer gibt es noch eine weitere Variante, um »stetiges Aufbauen« zu verdeutlichen: Temperatur. Nutzen Sie dazu ein Thermometer. Bei jeder vertrauten Aussage, die Sie zitieren (oder der Mitarbeiter selber sagt), hauchen Sie gegen das Thermometer. Der »lange Atem« hat zur Folge, dass die Temperatur kontinuierlich steigt. An der Skala ist schön abzulesen, wie jeder warme Atemstoß das Quecksilber ein bisschen auf der Skala nach oben treibt. Das kann die Gemüter stark erhitzen! Kommen Sie über die steigende Temperatur und die »angemessene Betriebstemperatur« mit dem Mitarbeiter ins Gespräch.

Sie können den Spannungsbogen aber ebenfalls andersherum spannen. Auch dafür eignen sich Streichhölzer wieder hervorragend. Halten Sie dafür eine ganze Schachtel bereit. Nun sprechen Sie mit dem Mitarbeiter zum Beispiel über das letzte

Teammeeting, bei dem er jede Idee mit Einwänden und gewohnten Ausreden an die Wand fuhr. Bei jeder zündenden Idee, die Sie aus der Besprechung zitieren, entzünden Sie ein Streichholz. Sofort blasen Sie es wieder aus, weil die Gegenargumente des Mitarbeiters die Flamme ersticken. So geht es immer fort, mit der Zeit sammeln sich jede Menge verbrauchte Zündhölzer. Jegliches Feuer ist erloschen, es ist keine zündende Idee mehr möglich. Vielleicht sollte der Mitarbeiter warten, bis das Feuer richtig brennt? Dann kann er mit seinem Hineinblasen das Feuer immer wieder neu entfachen!

Benötigtes Material & Setting

Material:	Streichholzschachtel und Streichhölzer
Setting:	Einzelsetting
Vorbereitung:	keine

Reflexionsfragen

- Woran neigen Sie sich die Finger zu verbrennen?
- Wo fällt es Ihnen schwer, loszulassen?
- Welche guten Gewohnheiten möchten Sie auf jeden Fall weiterpflegen?
- Wann haben Sie zum letzten Mal Ihre Ziele auf Gültigkeit geprüft?

Was mir als Idee dazu einfällt

2.33 Das Problem in die Tasche stecken – Gewohnheiten unbewusst bewusst machen

Ziele & Einsatzmöglichkeiten

Sie haben in diesem Buch schon diverse Impacts kennengelernt, die sich dem Thema »Gewohnheiten« widmen. Gerade im Businesskontext ist die Macht der Gewohnheit eine extrem wirksame, oft auch kostspielige Einflussgröße. Nicht zuletzt der Klassiker »Das haben wir immer schon so gemacht« ist ein Dauerbrenner, auch in Zeiten von Disruption und Volatilität. Ein bisschen Sicherheit wird eben durch die »gute alte Tradition« möglich, gefühlt jedenfalls. Das Ziel dieser Impact-Technik ist erneut das Thematisieren und Bewusstmachen eingefahrener Denk- und Verhaltensmuster. Im Gegensatz zu den meisten anderen Impacts erstreckt sich die Wirkung jedoch über einen längeren Zeitraum, mindestens ein paar Stunden, eher einen ganzen Tag. Sie können die Probleme von einem einzelnen Mitarbeiter in die Tasche stecken lassen oder von einem ganzen Team, um es anschließend in einer Besprechung aufzugreifen.

Ablauf

Bei diesem Impact erschließt sich dem Mitarbeiter vorerst gar nicht, worauf das Experiment hinausläuft. Sie brauchen ihn daher vorab mit im Boot, um sich über mehrere Stunden auf die Erfahrung einzulassen.

Im Vorfeld haben Sie einen kleinen Zettel beschriftet, auf dem Begriffe stehen wie »Routinen, Gewohnheiten, Muster, Traditionen«. Diesen Zettel legen Sie in eine kleine Schachtel (z. B. die Streichholzschachtel aus anderen Impacts oder ein leeres Überraschungsei). Bitten Sie nun den Mitarbeiter, die kleine Schachtel in die Hosentasche zu stecken. Damit er überzeugt sein kann, dass er im Besitz der Schachtel ist und diese sicher bei sich trägt, fragen Sie ausdrücklich danach: Spüren Sie die Schachtel in Ihrer Hosentasche? Wenn Sie hierauf die Bestätigung erhalten haben, bedanken Sie sich und verabreden ein weiteres Treffen nach einigen Stunden.

Was in der darauffolgenden Zeit wirkt, ist das Phänomen »Portemonnaie in der Hosentasche«: Schon nach kurzer Zeit nimmt man den Tascheninhalt nicht mehr bewusst wahr (was sich auch Taschendiebe zunutze machen). Nur wenn Sie gezielt darauf angesprochen werden, danach greifen oder den Gegenstand aus der Tasche nehmen und wieder einstecken, spüren Sie für einen Moment den Inhalt – der genauso schnell wieder in der Unempfindlichkeit verschwindet.

Wieder zusammengekommen, fragen Sie den Mitarbeiter, wie oft er die kleine Schachtel in den zurückliegenden Stunden in der Hosentasche wahrgenommen hat. Gelegentlich? Nahezu gar nicht? Kein einziges Mal mehr? Dann bitten Sie den Mitarbeiter, die Schachtel zu öffnen, um dem Geheimnis auf die Spur zu kommen:

Genauso funktioniert es auch mit unseren Gewohnheiten, eingefahrenen Denk- und Verhaltensweisen. Wir nehmen sie gar nicht mehr wahr, weil sie fast ein Stück von uns selbst geworden sind. Wir schenken ihnen keine Aufmerksamkeit mehr, weil sie uns mit der Zeit so vertraut geworden sind. Solange es hilfreiche Gewohnheiten sind, wirken sie unterstützend und kräfteschonend. Aber nicht alle unsere Gewohnheiten sind hilfreich und trotzdem bemerken wir sie nicht, weil alle die gleiche »Taschenwirkung« haben: Sie versinken in der Tiefe. Gepaart mit unserem »Aufmerksamkeitsdefizit« haben sie leichtes Spiel, uns das Leben schwer zu machen. Wo laufen Sie mit problematischen Gewohnheiten herum, die noch in der Versenkung verschwunden sind?

Varianten

Ich habe bereits vom »Portmonnaie-Phänomen« gesprochen. Sie können die Übung tatsächlich auch an der Geldbörse aufhängen und den Mitarbeiter beobachten lassen, wie oft er seinen Geldbeutel in der Gesäßtasche zur Kenntnis nimmt. Selbst wenn er die Aufmerksamkeit darauf lenkt, ist es eine Herausforderung, ein Gespür dafür zu entwickeln. Genauso funktioniert es auch mit der Kleidung. Sie wird nach dem Anziehen zu einer »zweiten Haut«, dass wir sie kaum mehr wahrnehmen. Auch Gewohnheiten werden zu einer Art Schutzschicht, die mal mehr, mal weniger hilfreich ist. Wenn Sie darin geübt sind, können Sie Ihren Mitarbeiter zu einer kleinen Körperreise einladen und fragen, ob er seine Schuhe, seine Hose, den Pulli, die Jacke, aber auch die Piercings oder Schmuckstücke bewusst wahrnimmt. Das sind alles Gewohnheiten. Kommen Sie dann darüber ins Gespräch, wofür dieses »Nicht-mehr-Wahrnehmen« hilfreich ist – und wo es anfängt, problematisch zu werden. Und vergessen Sie nicht, immer wieder den Bezug zum Arbeitskontext herzustellen, damit Sie nicht ins Philosophieren geraten und der Transfer zum Job auf der Strecke bleibt.

Benötigtes Material & Setting

Material:	Streichholzschachtel, Blatt Papier
Setting:	Einzelsetting
Vorbereitung:	Papier beschriften

Reflexionsfragen

- Woraus möchten Sie gerne eine »gute Gewohnheit« machen?
- Welche Gewohnheit könnten Sie (versuchsweise) durch eine Alternative unterbrechen?
- Welche Gewohnheiten stören Sie an einem anderen Menschen und was sagt das über Ihre Gewohnheit?
- In welchen Arbeits-/Lebensbereichen sind Sie besonders aufgeschlossen, Ihre Komfortzone zu verlassen?

Was mir als Idee dazu einfällt

2.34 Die Rose von Jericho – Unscheinbares kann große Überraschungen bereithalten

Ziele & Einsatzmöglichkeiten

Nicht immer sieht man den Dingen an, was in ihnen steckt. Das ist beim Überraschungsei so und das ist bei uns Menschen so. Nicht zuletzt resultieren Vorurteile daraus, dass wir beim ersten Eindruck bleiben und daraus unsere Schlüsse über den Inhalt ziehen. Das kann zur Folge haben, dass Menschen hinter ihren Möglichkeiten zurückbleiben oder mit Stigmatisierungen zu kämpfen haben. Für Unternehmen ist es natürlich auch ökonomisch wichtig, die Mitarbeiter ihren Fähigkeiten entsprechend bestmöglich einzusetzen. Der Impact »Die Rose von Jericho« greift diese Aussage auf. Der sogenannte »Auferstehungseffekt« macht erlebbar, wie sich Eigenschaften in einer für sie passenden Umwelt bestmöglich entfalten. Die Technik eignet sich für Gespräche mit Vorgesetzten, die ihre Mitarbeiter fördern möchten, genauso wie für Mitarbeiter, die an ihrer Selbstwirksamkeit zweifeln. Den Impact können Sie im Einzelsetting wie auch vor kleinen Gruppen einsetzen.

Ablauf

Simone Werth ist Teamleiterin. Sie führt seit acht Jahren eine zwölfköpfige Gruppe. Unter den Mitarbeiterinnen ist eine Kollegin, die sich »extrem schwer tut mit der selbstständigen, kreativen Lösung von Aufgaben«, so der Wortlaut von Frau Werth. Auch dem Chef von Frau Werth ist deren Wahrnehmung nicht verborgen geblieben. Allerdings kommt er zu teilweise anderen Schlüssen: Seiner Meinung nach ist die besagte Mitarbeiterin ein Typ, der eher zu festen Strukturen neigt, sich in kleinen Arbeitseinheiten aktiv einbringt und regelmäßige Rückmeldungen braucht. Er hat sich daher vorgenommen, mit Frau Werth über seine Einschätzung zu sprechen. Dafür hat er sich eine Impact-Technik vorbereitet:

Hallo Frau Werth, ich möchte mit Ihnen nochmal über Rosemarie Zimmer sprechen. Seitdem wir beide uns über die Kollegin ausgetauscht haben, verfolgt mich die Frage, was wir noch tun können, um Frau Zimmer auch mal ganz anders zu erleben. Dazu habe ich mir eine kleine Wahrnehmungsübung überlegt, die ich Ihnen gerne vorstellen möchte. (Pause)

Ich habe hier ein Glas mit Wasser vorbereitet. Dieses Wasser symbolisiert die Umwelt, in der wir leben. Wir Menschen brauchen die Luft als unsere natürliche Umgebung. Sie ist ständig da, deshalb nehmen wir sie kaum mehr wahr. Für einen Fisch ist das Wasser wie für uns die Luft. Er ist dort in seinem Element. (Pause) *Nun habe ich ein ganz besonders zartes Pflänzchen entdeckt – auf den ersten Blick sehr unscheinbar und fast nichtssagend. Wenn ich es in meiner Hand liegen lasse, ändert sich daran auch nichts, es bleibt verschlossen.* (Pause)

Wenn ich weiß, dass dieses zarte Pflänzchen eine ganz besondere Umgebung braucht, kann ich allerdings zu ganz anderen Schlüssen kommen. Beobachten Sie die nächsten zwei, drei Minuten mal die Entwicklung. (Pause) Der Chef gibt die Rose von Jericho in das Wasserglas. Er hat darauf geachtet, dass das Wasser warm ist, um so den Veränderungsvorgang auf wenige Minuten abzukürzen. Nachdem die Pflanze »zum Leben erwacht« ist und aus dem faden Grau ein lebendiges Grün wurde, zieht der Chef die Parallele zum Arbeitskontext:

Ich stelle mir seit einiger Zeit die Frage, ob Frau Zimmer in ihrem Element ist, wenn sie von Ihnen kreative Aufgaben übertragen bekommt, die sie selbstständig bearbeiten soll. Manchmal werden Leute ins kalte Wasser geschmissen und sie lernen dadurch schnell schwimmen. Es kann aber auch passieren, dass sie den Halt verlieren und untergehen, weil sie in dieser Umgebung ihre Kompetenzen nicht einbringen können. Das wäre so ähnlich, also würde man einen Fisch an Land setzen, um ihm das Gehen beizubringen. Was denken Sie könnte Frau Zimmer vielleicht gebrauchen, um sich bestmöglich zu entfalten? Wo ist sie absolut in ihrem Element?

Varianten

Ein Schiff, das nur vor Anker liegt, hätte ein Steg werden sollen. Es kommt seiner Bestimmung nicht nach. Wasser ist das Element für Schiffe. Sie können das mit ein paar Handgriffen inszenieren, wenn Sie ein Papierschiffchen bauen (oder vom Mitarbeiter bauen lassen) und dieses dann in einer Schüssel Wasser oder im Handwaschbecken treiben lassen. Setzen Sie es anschließend an Land. Hier treibt es gar nichts. Kommen Sie, wie im Beispiel oben, auf die passende Umwelt zu sprechen und wie diese bestmöglich auf die Bedürfnisse abgestimmt werden kann.

Das Pinguin-Prinzip von Eckhard von Hirschhausen verfolgt den gleichen Gedanken: Der Pinguin, eine anatomische Fehlkonstruktion für das Leben an Land, ist im Wasser ein Meister. Sobald er in seinem Element ist, kann er seine besonderen (körperlichen) Eigenschaften bestmöglich zur Geltung bringen – und lässt damit die meisten Geschöpfe zurück, die sich ebenfalls im Schwimmen und Tauschen versuchen. Die ganze Geschichte vom Pinguin-Prinzip sehen Sie auf YouTube unter https://www.youtube.com/watch?v=Az7lJfNiSAs (Stand: April 2019). Unterstützen Sie diesen Impact durch einen kleinen (Plüsch-)Pinguin, den Sie Ihrem Mitarbeiter in die Hand drücken. Geben Sie die Figur anschließend als haptischen und optischen Anker mit. So brauchen Sie zukünftig nur noch vom Pinguin-Prinzip zu sprechen und Sie zapfen »Insiderwissen« an.

Benötigtes Material & Setting

Material:	Rose von Jericho (im Pflanzenhandel oder div. Internetshops), Glas mit Wasser
Setting:	Einzelsetting
Vorbereitung:	warmes Wasser bereitstellen

Reflexionsfragen

- In welchem Umfeld können Sie Ihre Fähigkeiten bestmöglich entfalten?
- Wann haben Sie Ihren Mitarbeiter/Kollegen zuletzt gefragt, was er für Arbeitsbedingungen braucht?
- Welche Ihrer Schwächen wäre in einem anderen Kontext eine Stärke?
- Was können Sie selbst dafür tun, um ein für Sie passendes Umfeld (Ihr Element) herzustellen?

Was mir als Idee dazu einfällt

2.35 Den Faden (wieder) aufnehmen – Zusammenhänge sichtbar machen

Ziele & Einsatzmöglichkeiten

In Teams steigt die Komplexität der Zusammenarbeit um ein Vielfaches und es ist nicht einfach, das Zusammenwirken der einzelnen Teammitglieder richtig einzuschätzen. Der Mensch tendiert deshalb dazu, Prozesse radikal zu simplifizieren, um sich in diesem Dickicht halbwegs zurechtzufinden. Das ist grundsätzlich eine gute Strategie, denn wir hätten gar nicht ausreichend Aufmerksamkeit, um alle Zusammenhänge vollständig zu erfassen. Manchmal ist dieses radikale Vereinfachen jedoch ein Problem. Vor allem dann, wenn zum Beispiel nur noch in Schuld- und Unschuldzuweisungen gedacht wird. Um für die Komplexität und Interaktionsmuster im Team zu sensibilisieren, kann dieser Impact ein hervorragender Aufhänger sein. Er fördert spielerisch den Blick für die Zusammenhänge und lässt ein Gefühl von Verbundenheit und Zusammengehörigkeit entstehen. Ich setze den Impact bisher bei Gruppen von acht bis fünfzehn Teilnehmern ein. Aber nach oben ist sicher noch Luft. Probieren Sie es einfach auch mit größeren Gruppen aus. Den Leuten macht es Spaß.

Ablauf

Klaus Steffens ist Teamleiter einer zwölfköpfigen Verkaufsmannschaft. Die Kolleginnen und Kollegen sind sehr motiviert und die Arbeitsergebnisse sind äußerst gut. Lediglich mit dem Zusammenspiel des Teams will es nicht so recht funktionieren. Die meisten der Damen und Herren verstehen sich noch als Einzelspieler. Und das, obwohl Steffens schon vor einigen Jahren die Einzelprovisionen abschaffte und inzwischen viel Aufmerksamkeit in die Teamentwicklung investiert. Für die letzte Teambesprechung hatte er sich eine Impact-Technik ausgewählt, um das notwendige Zusammenwirken der Teammitglieder besonders sichtbar zu machen.

Hallo Kollegen, bevor wir heute in den gewohnten Erfahrungsaustausch starten, möchte ich eine Übung mit euch machen. Dafür bitte ich euch, euch in einen Kreis zu stellen. (Pause) *Ich möchte eine Erfolgsgeschichte mit euch entwickeln. Eine Geschichte über unser Team.* (Pause) *Dazu gebe ich einen ersten Satz vor. Ein anderer von euch wird dann einen weiteren Satz dranhängen und die Geschichte weiterentwickeln. Wer dieser Jemand ist, entscheide ich, indem ich ihm oder ihr einen Wollknäuel zuwerfe, dessen Ende ich weiter in meinen Händen halte.* (Pause) *Auch dieser Erzähler bestimmt durch Zuwerfen des Wollknäuels den nächsten Erzähler, während er seinen Faden in den Händen behält usw. Wir entwickeln damit einen gemeinsamen Erzählstrang, unseren roten Faden. Die Geschichte ist zu Ende, wenn einer den Satz beginnt mit: Und die Moral von der Geschichte …* (Pause)

Klaus Steffens schaute in überraschte Gesichter. Zwar fiel das Drauflossprechen den meisten Verkäufern überhaupt nicht schwer. Und auch Geschichtenerzählen, heute modern als »Storytelling« bezeichnet, war kein wirkliches Fremdwort für erfahrene Verkäufer. Trotzdem sah man einigen von ihnen die Anspannung an: Worauf lief das hinaus?

»Wir hatten uns ein gemeinsames Ziel vorgenommen …«, startete Klaus Steffens die Geschichte, hielt das Ende des Fadens fest und warf das Wollknäuel, ab durch die Mitte, auf die gegenüberliegende Seite zu einem seiner Mitarbeiter.

»… dem Wettbewerber bis zum Jahresende zehn gute Kunden aus dem mittleren Umsatzsegment wegzunehmen« ergänzte der Kollege. Den Faden festhaltend warf auch er den Knäuel an eine Kollegin weiter, die ihrerseits die Geschichte fortführte. So entwickelte sich nicht nur eine »Wir-Ziel-Geschichte«. Mit der Zeit entstand ein Netzwerk aus gespannten Fäden, die kreuz und quer, von jedem zu jedem verliefen und alle miteinander verband. Das Team hielt gemeinsam den Faden in den Händen, man nahm den Faden auf, den ein anderer vorlegte und spann den Faden weiter. Die Geschichte endete: »Und die Moral von der Geschichte: Wenn alle an einem Strang ziehen, können wir jedes Ziel erreichen.« Mit diesem Abschluss ging das Team von Klaus Steffens in die anschließende Besprechung.

Varianten

Um Interaktionen und Abhängigkeiten bewusst zu machen, eignet sich auch der »Energy Ball«. Er ist zum Beispiel im Internet zu beziehen unter https://www.amazon.de/Safari-652116-Energy-ball/dp/B00J5LWPTO. Der hier angebotene Energy Ball ist eine golfballgroße Kugel, die mit zwei elektrischen Polen ausgestattet ist. Wenn beide Pole mit der Haut (z. B. Daumen und Zeigefinger) gleichzeitig berührt werden, ertönt ein akustisches Signal. Besonders spannend wird diese kleine Kugel, wenn sie zur Schnittstelle in einem Team wird. Lassen Sie alle Teilnehmer einen Kreis bilden und sich an den Händen fassen. Sie selber berühren nun mit einer Hand einen der elektrischen Leiter, ihr Nachbar berührt mit seiner Hand den anderen elektrischen Leiter am Ball. Wenn die Kette komplett geschlossen ist, ertönt wieder das Signal. Egal an welcher Stelle nun die Kette unterbrochen wird: Sobald sich zwei

Hände lösen, wird der Ton unterbrochen. Dadurch wird sehr eingängig deutlich, dass es auf jedes Glied in der Kette ankommt, um die Energie fließen zu lassen. Der Energy Ball löst immer wieder großes Erstaunen in meinen Coachings aus. Er kann sowohl im Einzelsetting als auch in sehr großen Gruppen eingesetzt werden.

Benötigtes Material & Setting

Material:	roter Wollknäuel
Setting:	Gruppen ab acht Teilnehmern
Vorbereitung:	keine

Reflexionsfragen

- Was verbindet euch?
- Welche Zusammenhänge werden deutlich?
- Was passiert, wenn du mal den Faden verlierst?
- Wie kannst du auf das Gesamtergebnis Einfluss nehmen?

Was mir als Idee dazu einfällt

2.36 Bauklötze staunen, bis sie umfallen – Grenzen erkennen

Ziele & Einsatzmöglichkeiten

Höher, schneller, weiter – unser Wirtschaftssystem setzt auf Wachstum. Mitarbeiter sollen (höhere) Ziele erreichen, persönliche Grenzen erweitern und Wachstumschancen erkennen. Dabei ist Wachstum nicht grundsätzlich sinnvoll, auch nicht ökonomisch. Die Natur bestätigt immer wieder, dass es nicht die »großen Tiere« sind, die die süßesten Früchte fressen und alle anderen dadurch abhängen. Unter diesem Aspekt würde es heute noch Dinosaurier geben. Zukunftsfähig waren die besonders anpassungsfähigen Organismen. Wenn wir Organisationen auch als »lebendige Systeme« betrachten, dann heißt es für sie, eine gute Balance zu finden zwischen Veränderung einerseits und Stabilisierung andererseits, heute unter dem Begriff der Ambidextrie zusammengefasst. Der Impact lädt dazu ein, über die eigenen Grenzen ins Gespräch zu kommen. Sie können ihn außerdem dazu nutzen, ressourcenorientierte Fragen anzuschließen. Ich setze die Technik nur im Einzelsetting ein, da es oft sehr persönlich wird.

Ablauf

Viele wollen hoch hinaus, ob bei privaten oder geschäftlichen Zielen. Dagegen ist nichts einzuwenden, denn herausfordernde Ziele können unsere Motivation steigern. Raus aus der Komfortzone, rein in die Lernzone, um persönliche Grenzen zu erweitern. Umso schwerer fällt es vielen Menschen, ihre eigenen Grenzen anzuerkennen und sich mit ihnen auseinanderzusetzen. Dabei kann es unglaublich befreiend sein, sich seiner eigenen Grenzen bewusst zu werden, denn sie schützen uns vor Überforderung. Oft setzt uns der Körper Grenzen, wenn sich unser Geist mit dem Limit nicht abfinden möchte.

Katja Hof hat eine Mitarbeiterin in ihren Reihen, die regelmäßig an ihre Grenzen stößt, weil sie sich einfach zu viel auflädt. Ulrike fällt es unglaublich schwer, Nein zu sagen und eine klare Grenze zu ziehen, wenn ihr Maß voll ist. Neben ihrem Bedürfnis nach Harmonie kommt bei ihr erschwerend hinzu, dass sie sich oft auch falsch einschätzt, was ihre persönliche Belastbarkeitsgrenze angeht. Frau Hof hat deshalb bei einem der regelmäßig stattfindenden Mitarbeitergespräche einen Impact für Ulrike vorbereitet.

Hallo Ulrike, ich möchte unserem Gespräch heute mal noch eine weitere konstruktive Note verleihen. Dazu habe ich uns Bauklötze besorgt. Naja, und wer weiß, vielleicht wirst du am Ende sogar Bauklötze staunen. (Pause) *Bitte suche dir mal einen Bauklotz aus für deine Tätigkeit als Kundenbetreuerin. Das ist der Sockel, auf dem die weitere Übung aufbaut.* (Pause) Ulrike stellt einen Holzbaustein auf den Tisch. *Für jede zusätzliche Aufgabe, die du momentan in Arbeit hast, legst du bitte einen weiteren Bauklotz auf den Sockel. Fang einfach mal an aufzuzählen, welche Tätigkeiten da so zusammenkommen.* (Pause)

Ulrike fängt an: »Okay, also, im Moment bin ich in der Projektgruppe ›Messe‹ zweimal die Woche. Obwohl die eigentliche Arbeit außerhalb der Meetings läuft.« Ulrike greift einen der bunten Bausteine und legt ihn oben drauf. »Dann unterstütze ich Katja bei der Organisation der Betriebsfeier. Ach ja, da sollten wir gleich auch noch kurz drüber sprechen.« Ein weiterer Baustein folgt. »Und meine Betriebsratstätigkeit mache ich ja schon seit Jahren, das vergesse ich meistens, obwohl die Arbeit immer mehr wird.« So stapelt sich ein Klotz auf den anderen, nachdem auch noch diverse andere Sonderaufgaben und Gefälligkeiten zusammengetragen werden. Katja Hof lässt dabei die privaten Themen von Ulrike außen vor, auch wenn sie weiß, dass da ebenfalls jede Menge los ist. Aber sie möchte den Austausch auf das Berufliche beschränken, um keinen Widerstand auszulösen. Beim neunten Bauklotz steht der Turm schon erheblich schief, Ulrike wird spürbar zögerlicher beim Auflegen. Blicke und Mimik zeigen ganz deutlich, dass sie kein gutes Ende erwartet. Und tatsächlich, beim Klotz »Krankheitsvertretung« kracht dann alles in sich zusammen.

Manchmal hat man ja so eine Vermutung, meint Katja und schaut dabei zuerst auf Ulrike, dann auf den Haufen Bauklötze. *Ich stelle mir seit einiger Zeit immer häufiger die Frage, ob das, was du dir da alles auflädst, noch lange stabil bleibt. Wenn man selber als Sockel ganz unten steht und nach oben schaut, dann sieht man nur einen Klotz, alle anderen verschließen sich unserem Blickfeld. Wir spüren zwar den Druck, aber der muss offensichtlich gerade etwas mit unserer Leistungsfähigkeit zu tun haben. Erst wenn alles zusammenkracht, sehen wir, was uns da so alles über den Kopf gewachsen ist. Ich glaube, es ist sehr hilfreich, gelegentlich mal die Perspektive zu wechseln und von außen den Aufbau anzuschauen.* (Pause) *Wie ist deine Wahrnehmung dazu Ulrike?*

Varianten

Sie können auch ein Kartenspiel dafür verwenden und ein Kartenhaus bauen lassen. Das ist zwar technisch etwas schwieriger, hat aber den Effekt, dass es oft schon sehr früh zum Zusammenbruch kommt. Es kann aber auch sein, dass das Kartenhaus stehen bleibt wie eine Eins (passiert zwar selten, ist aber wirklich schon vorgekommen).

Dann können Sie auch das aufgreifen und darüber sprechen, dass manche Häuser unglaublich stabil und belastbar wirken. Und dann lassen Sie eine der Wände im Erdgeschoss durch den Mitarbeiter entfernen, es sollte aber bitte keine tragende Wand sein. Unmöglich. Im Kartenhaus gibt es nur tragende Wände, entweder klappt alles zusammen oder der Mitarbeiter kapituliert. Außerdem kann er beim fertigen Haus auch keine weitere Etage aufbauen, Ende der Fahnenstange. Auch eine Renovierung der mittleren Etagen ist unmöglich, ohne die darüberliegenden Stockwerke abzutragen. Von der Wartung her eine absolute Fehlkonstruktion.

Benötigtes Material & Setting

Material:	Holzbausteine
Setting:	Einzelsetting
Vorbereitung:	keine

Reflexionsfragen

- Wie gut kennen Sie Ihre eigenen Grenzen?
- Erlauben Sie sich, Ihre eigenen Grenzen zu nennen?
- Woran merken Sie als Erstes, dass Ihre Belastung zu groß wird?
- Wo würden Sie gerne noch eins draufsetzen, Ihre Grenzen erweitern?

Was mir als Idee dazu einfällt

2.37 Zarte Pflänzchen fördern – Die Unterstützung muss zur Zielgruppe passen

Ziele & Einsatzmöglichkeiten

Eine der großen Herausforderungen von Führung besteht darin, die Individualität der Mitarbeiter im Auge zu behalten. Standardlösungen mögen zwar in der Warenwirtschaft von Vorteil sein, Gleichmacherei unter den Mitarbeitern wird dauerhaft aber niemandem gerecht. Auch Kollegen in gleicher Hierarchie neigen gelegentlich dazu, ihr eigenes Weltbild, ihre eigenen Bedürfnisse zur allgemeinen Norm zu erheben. Sie versuchen dann, ihre Erfolgsstrategien auf die Kollegen zu übertragen und reagieren mit Unverständnis, wenn mit Widerstand oder gar mit Rückzug reagiert wird. Der Impact »Zarte Pflänzchen fördern« sensibilisiert für den zielgruppengerechten Umgang bei Fördermaßnahmen. Ein Kölner würde sagen: »Jeder Jeck ist anders.« Die Parallele zur Pflanzenwelt ist sehr hilfreich, greift sie doch den Gedanken von Wachstum und Förderung hervorragend auf. Ich setze die Technik nur in Einzelgesprächen ein, wenn ich einen Blumentopf zur Demonstration einbaue. Wenn Sie den bildhaften Vergleich nur in Worte fassen, sind Sie auch vor großem Publikum damit bestens bedient.

Ablauf

»Man könnte meinen, er hört das Gras wachsen« beschreibt Elke Becker das Verhalten ihres Teamleiters Marcel. »Er entdeckt in jeder Äußerung, in jedem Verhalten der Kollegen eine tiefere Absicht. Was zur Folge hat, dass er dann teilweise völlig inadäquat reagiert. Überforderungen und Verletzungen auf der anderen Seite eingeschlossen.« Elke hält ein Mitarbeitergespräch mit Marcel zu diesem Thema für unumgänglich. Dazu möchte sie jedoch einen Aufhänger haben, der beiden Seiten ausreichend Raum für die eigene Sichtweise lässt. Sie entscheidet sich daher für den Impact »Zarte Pflänzchen fördern«.

Hallo Marcel, worum es geht, hatte ich dir ja bereits in der Einladung mitgeteilt. Ich möchte mit dir über deine Mitarbeiterbewertungen sprechen und deine daraus resultierenden Reaktionen. Da keiner deiner Teammitarbeiter anwesend ist, habe ich ein Symbol für diese Rolle mitgebracht: diesen Blumentopf hier mit einer Pflanze drin. Sie braucht festen Boden unter den Füßen, um Wurzeln schlagen zu können, die ihr Halt geben. Und sie braucht regelmäßige Zuwendung, damit sie wachsen kann, zum Beispiel mit Licht, Wasser und Dünger. Du kannst das alles auf deinen Arbeitskontext über-

tragen. Auch Mitarbeiter brauchen diesen festen Boden und ausreichend Aufmerksamkeit, damit sie ihre Potenziale voll entfalten können. (Pause)

Nun brauchen manche Pflanzen mehr Wasser, andere weniger. Manchen möchten in der prallen Sonne stehen, andere ziehen den Schatten vor. Es kommt ganz auf den Typ an. Immerhin haben alle eine Gemeinsamkeit: Sie selbst bestimmen das Tempo, in dem sie wachsen und gedeihen. (Pause) *Das ist für den Gärtner nicht immer ganz einfach, vor allem, wenn er schnell eine blühende Landschaft sehen möchte.* (Pause) *Führungskräfte und Gärtner haben viel gemeinsam. Sie sind beide für gute Entwicklungsbedingungen verantwortlich und haben dabei ganz unterschiedliche Ausgangsbedingungen zu beachten.* (Pause) *Nun bitte ich dich um Folgendes: Zieh mal feste an dieser kleinen Pflanze hier. Sie soll schneller wachsen. Trau dich, Marcel, zieh einfach kräftig.* (Pause)

Anfangs noch zögerlich, bittet Elke Becker den Teamleiter, fester an der Pflanze zu ziehen. Marcel befürchtet, den Stängel abzureißen oder die Pflanze komplett aus der Erde zu ziehen. Er hält daher inne, als der Widerstand der Pflanze zu groß wird und bricht das Experiment ab.

Marcel, wie gut erkennst du in deinem Team, was die einzelnen Mitarbeiterinnen und Mitarbeiter von dir brauchen? Woran stellst du fest, ob deine Fördermaßnahmen wirklich zum Mitarbeiter passen? Ich bin gespannt auf deine Einschätzungen.

Varianten

Die Idee hinter dem Impact ist der Spruch: »Das Gras wächst nicht schneller, wenn man an ihm zieht.« Nun hat nicht jede Führungskraft einen Rasen im Büro (was allerdings im Hinblick auf die Arbeitsatmosphäre richtig gut wäre!). Wenn Sie aber eine Rasenfläche am Gebäude haben, können Sie den Impact auch hervorragend vor die Tür verlegen. Bitten Sie Ihren Mitarbeiter bei einem kurzen Spaziergang, am Gras zu ziehen, und spannen Sie dann den Bogen zum Umgang mit seinen Mitarbeitern.

Im Kapitel 1 »Führung ist Eindruck, ob Sie wollen oder nicht« habe ich Ihnen den Impact mit der Brille vorgestellt. Die Wirkung geht in eine sehr ähnliche Richtung. Auch der Brillen-Impact hat als eine Kernbotschaft die Aussage, dass die Hilfsmittel zum Empfänger passen müssen. Der Volksmund würde es vielleicht in den Spruch bringen »Der Köder soll den Fisch schmecken und nicht dem Angler«. Sie sehen schon, auch in diesem Spruch steckt bereits die Möglichkeit für einen neuen Impact.

Wenn Sie zum Beispiel wissen, was Ihr Mitarbeiter so gar nicht essen mag, könnten Sie ihn im Gespräch zu überzeugen versuchen, es doch zu probieren. Irgendwann werden das Bitten, Drohen und Sanktionieren für beide zur Last. Ach ja: Sie müssen nicht unbedingt Fischfutter anbieten. Es gibt genug schmackhafte Alternativen, die Sie anschließend selber genießen können.

Sie können Ihrem Mitarbeiter auch einen Seidenschal in die Hand drücken und fragen, wie er ihn waschen würde. Dann empfehlen Sie ihm, ihn bei 95 Grad zu kochen. Kommen Sie darüber ins Gespräch, welche Pflege das Teil benötigt und dass höhere Temperaturen nicht zu besseren Waschergebnissen führen. Fragen Sie Ihren Mitarbeiter, wie seine ganz persönliche Pflegeanleitung oder Gebrauchsanweisung lautet.

Benötigtes Material & Setting

Material:	Blumentopf mit kleiner Pflanze
Setting:	Einzelsetting
Vorbereitung:	keine

Reflexionsfragen

- Wie lautet Ihre Pflegeanleitung?
- Womit könnte man Ihnen den Boden unter den Füßen wegreißen?
- Wo sehen Sie bei sich Wachstum-/Entwicklungspotenzial?
- Wie schaffen Sie sich selber ein gutes Arbeitsklima?

Was mir als Idee dazu einfällt

2.38 Die Spannung steigern – Die Wirkung von »Ja, aber«-Antworten verdeutlichen

Ziele & Einsatzmöglichkeiten

Wer kennt sie nicht, die ewigen »Ja, aber«-Kandidaten. Ob privat oder beruflich, diese sprachliche Hintertür kann einen wirklich wahnsinnig machen. Sollten auch Sie einen dieser »Jabs« zu Ihren Mitarbeitern zählen, finden Sie in diesem Impact eine spürbare Gesprächshilfe. Setzen Sie »Die Spannung steigern« ein, wenn Sie Ihrem Mitarbeiter die Wirkung seiner Relativierungen deutlich machen wollen. Ganz besonders empfehlenswert ist die Technik, wenn das »Aber« sich auf alte Gewohnheiten oder Erfahrungen bezieht, ganz nach dem Motto: »Ja, das verstehe ich, aber das ist doch bisher auch ganz gut gelaufen.« Das erinnert nämlich an den Elefanten, der Zeit seines Lebens an seiner Fußkette zog, um sich zu befreien. Anfangs verursachte das derartige Schmerzen, dass er irgendwann mit dem Ziehen aufhörte und sich seinem Schicksal ergab. Ohne zu erkennen, dass er inzwischen die Kraft hätte, die Kette zu zerreißen. Ich setze diesen Impact im Einzelsetting ein, benutze aber die Geschichte des Elefanten auch als Metapher vor größerem Publikum.

Ablauf

Die Vorgesetzte von Erika Zimmer hat sich ein Gummiband besorgt, das sie an einer Türklinke im Büro (einem Fenstergriff bzw. einer anderen festen Stelle im Raum) festgeknotet hat. Das Band ist so lang, dass sich die Mitarbeiterin problemlos hineinstellen und den Gummi in Hüfthöhe auf Spannung bringen kann.

Susanne Springer, die Vorgesetzte von Erika, hat die Mitarbeiterin zu einem Gespräch in ihr Büro gebeten. Frau Zimmer torpediert in den Teambesprechungen regelmäßig getroffene Entscheidungen, indem sie diese nur mit einem »Ja, aber« akzeptiert. Das führt dann immer wieder zu neuen Diskussionsrunden, was die anderen Kolleginnen und Kollegen wie auch Susanne Springer selbst nervig finden. Auch klare Dienstanweisungen werden immer wieder kommentiert.

Hallo Erika, die Einladung zu unserem heutigen Gespräch kam nicht zufällig direkt im Anschluss an unser letztes Teammeeting. Ich habe da etwas beobachtet, was mir schon öfter aufgefallen ist, und ich möchte heute mit dir gerne über meine Wahrnehmung sprechen. Dafür habe ich ein kleines Experiment vorbereitet. Bist du dafür zu haben? (Pause) Nachdem Frau Zimmer ihr Okay gegeben hat, wird sie von Susanne Springer gebeten, sich in das Gummiband zu stellen und es auf Hüfthöhe in eine leichte Spannung zu bringen.

Susanne, wir haben am letzten Mittwoch über die Einführung des neuen CRM gesprochen und die Dokumentationen, die damit verbunden sind. Grundsätzlich erklärst du dich bereit, die neue Software zu nutzen. (Pause) *Nun hast du einige Einschränkungen angeführt und deswegen habe ich dich in dieses »Ja, aber«-Band steigen lassen.* (Pause) *Das »Ja, aber- Band macht spürbar, welche Wirkung einschränkende Bedingungen auslösen und wie einschneidend sie sich auf die Zukunft auswirken.* (Pause) *Ich bitte dich, bei jedem »Aber« einen Schritt nach vorne zu gehen und das Band etwas mehr in Spannung zu bringen.* (Pause)

Du bist bereit die neue CRM-Software zu nutzen, aber nur, wenn dadurch nicht zusätzliche Dokumentationsarbeit anfällt. (Pause) Erika macht einen Schritt nach vorn. (Pause) *Du hast gesagt, dass es sehr hilfreich ist, die Kaufgewohnheiten unserer Kunden zu dokumentieren. Aber du hast auch gesagt, dass diese Informationen der Außendienst ja sowieso zur Verfügung stellen kann.* (Pause) Erika macht einen weiteren Schritt. *Du hast dich auch bereit erklärt, mit Tanja zusammen die ersten Kundenkonten in der nächsten Woche zu pflegen. Aber das geht bei dir nur, wenn du bis dahin mit der Messeauswertung fertig bist.* (Pause) Und Erika macht einen weiteren Schritt. *Bevor wir auseinandergegangen sind, hast du betont, dass das neue CRM sicher notwendig ist, aber die Einführung zu einem späteren Zeitpunkt mehr Sinn machen würde.* (Pause) Erika Zimmer macht einen vierten Schritt und merkt an, dass das Gummiband anfängt zu schmerzen, weil die Spannung immer größer wird.

Natürlich habe ich damit gerechnet, dass du irgendwann die Spannung des »Ja, aber«-Bandes als unangenehm empfindest. Und du kannst dir vorstellen, dass es meine Absicht war, dich diese Wirkung spüren zu lassen. (Pause) I*ch habe den Eindruck, dass du dich mit deinen Aber-Einschränkungen jedes Mal selber in dieses Band stellst und die Spannung etwas steigerst. Nicht nur dass es schmerzt, der Widerstand bzw. der Rückzug wird auch immer größer. Und genauso erlebe ich das mit deinen Aber-Argumenten. Je mehr du dich in deine Ja-aber-Richtung bewegst, desto weniger Spiel bleibt in dem Band.* (Pause) *Mir ist es ganz wichtig, dass wir im Team realistische Möglichkeiten finden, Veränderungen anzupacken und für uns nutzbar zu machen. Dabei kann das Gummiband durchaus eine Grundspannung haben. Schwierig wird es erst, wenn es sich eng zieht wie eine Schlinge.* (Pause) *Mich interessiert Erika, was konkret hinter deinen »Aber-Einschränkungen« steckt und wie es möglich wird, zukünftig in unser Band mehr Entspannung zu bekommen.*

Varianten

Die »kleine« Variante ist ein Einmachgummi, der um beide Hände gelegt und bei jedem »Aber« etwas weiter auseinandergezogen wird. Die steigende Spannung wird dann in den Armen sichtbar, die irgendwann anfangen zu zittern, wie auch in der angestrengten Mimik.

Ganz ohne Materialeinsatz kommen Sie aus, wenn Sie Ihren Mitarbeiter bitten, seine Handfläche an Ihre Handfläche zu legen. Bei jedem »Aber« soll er den Druck etwas erhöhen und halten. Mit der Zeit wird es sowohl für ihn als auch Sie immer anstrengender, weil sie gegenseitig Druck aufbauen.

Eine ganz andere Gelegenheit, mit Ihrem Mitarbeiter zum »Ja, aber« ins Gespräch zu kommen, sind die Ja-aber-Karten aus dem Silberschnur-Verlag (www.silberschnur.de) Bei jedem »Ja« werden die insgesamt 78 Ja-aber-Karten neu gemischt und der Mitarbeiter zieht eine davon. Die vorgefertigten Antworten dienen als Vorlage für einen Gesprächseinstieg und Reflexionsprozess. Spielkarten in diversen Ausführungen gehören bei mir zur Grundausstattung für Impacts.

Benötigtes Material & Setting

Material:	langes Gummiband (z. B. Hosengummi) oder Theraband
Setting:	Einzelsetting
Vorbereitung:	Gummiband im Raum befestigen

Reflexionsfragen

- Welche Gewohnheiten erleben Sie zwar als schmerzlich/hinderlich, kommen aber bisher nicht davon los?
- Welchen Vorteil hat es noch für Sie, das »Aber« zu ergänzen, statt mit einem »Und« fortzufahren?
- Wie denken Sie über Menschen, die gewohnheitsmäßig mit einem »Ja, aber« antworten? Was sagen diese Gedanken über Sie selber aus?
- Wie gut gelingt es Ihnen, bedingungslos eine Entscheidung zu fällen?

Was mir als Idee dazu einfällt

2.39 Die Zehn-Euro-Lüge – Dinge haben keinen Wert, wir geben ihnen einen

Ziele & Einsatzmöglichkeiten

Vorgesetzte kommunizieren nicht nur nach unten zu ihren Mitarbeitern. Oft genug müssen sie auch nach oben kommunizieren, um Positionen zu vertreten, Budgets zu erklären und auch Grenzen aufzuzeigen. Immer geht es dabei um das Klarmachen und Verkaufen individueller Werte und Bedürfnisse. Auch für Ihre Mitarbeiter werden nicht alle Entscheidungen auf den ersten Blick sinnvoll und wertvoll erscheinen. Sinn können wir nicht finden, wir können nur Sinn geben. Genauso verhält es sich mit Werten. Dinge haben keinen Wert, wir geben ihnen einen Wert. Den Impact setze ich ein, wenn ich meinem Gesprächspartner dieses subjektive »Werte-Geben« klarmachen möchte. Die Technik ist sowohl für das Einzelsetting als auch bei Vorträgen einsetzbar.

Ablauf

Michaela Kowalewski möchte ihr Team für ein Impact-Seminar anmelden. Sie arbeitet an einer Jugendhilfeeinrichtung und ist überzeugt, dass Impacts eine gute Unterstützung in der Jugendberatung für sie und ihr Team sein werden. Erstmals hat sie von der Arbeit mit Impact-Techniken in einem Fachmagazin gelesen und war total begeistert. Besonders der inzwischen sehr bekannte Geldschein-Impact von Danie Beaulieu hat damals bei ihr eingeschlagen wie eine Bombe. (Die französische Psychologin Danie Beaulieu hat die Arbeit mit Impact-Techniken in den letzten fünfzehn Jahren einem breiten Publikum zugänglich gemacht, speziell in der therapeutischen Arbeit.) Allerdings befürchtet Michaela Kowalewski, dass das Seminar wieder an den Kosten scheitern wird. Sie hat sich diesmal, beflügelt durch den Artikel, selber auf das Gespräch mit ihrem Vorgesetzten mit einem Impact vorbereitet:

Herr Stein, damit unsere Erfolgsquote in der Jugendarbeit weiter steigt und wir die Jugendlichen noch besser erreichen, möchte ich in diesem Jahr mit meinem Team eine ganz besondere Fortbildung machen. Es handelt sich um eine neue Gesprächsführungstechnik, die neben den Worten auf kleine Inszenierungen baut und dadurch mehrere Sinne gleichzeitig anspricht … Michaela zieht alle Verkaufsregister, um ihren Chef vom Sinn der Fortbildung zu überzeugen. Trotzdem: Als sie die Investition dafür nennt, weist sie der Chef auf das geplante Budget hin, das hierfür nicht ausreichen wird. Das ist der Moment für Michaelas Impact. Sie zieht einen Zehn-Euro-Schein aus der Tasche und fragt den Vorgesetzten, was dieser wohl wert sei. »Zehn Euro«, antwortet er. Und natürlich hat er damit recht. Die Kaufkraft entspricht zehn Euro. Tatsächlich ist der Geldschein aber gerade einmal 9 Cent wert. So hoch beziffert die Bundesbank die Herstellungskosten für einen Zehn-Euro-Schein. Michaela lässt diesen Unterschied noch einen Moment so stehen und fügt dann an: *Die Dinge haben keinen Wert, Herr Stein, wir geben ihnen einen. Für unser Team ist die Investition in diese Fortbildung eine gute Anlage, denn wir steigern damit den Wert unserer Arbeit. Sie haben gerade selbst die Erfahrung machen können, wie überraschend Impacts wirken und wie sie unsere Bewertungen beeinflussen können. Die Anmeldung habe ich schon dabei, damit wir uns auf jeden Fall unsere Plätze sichern.*

Varianten

Wenn Sie das Thema »Werte« mit einem Mitarbeiter besprechen möchten, dann kaufen Sie zum Beispiel eine Flasche Wasser oder Bier. Schütten Sie ein Glas davon ein und fragen sie ihn, wie viel dieses Glas wohl wert sein. Fragen Sie anschließend, wie viel er dafür auf einem Volksfest ausgeben würde. Dann bitten Sie um eine Preisschätzung des Glases in einem gutbürgerlichen Gasthaus, einem Gourmet-Lokal und schließlich in einer Skybar. Der Preis wird jeweils höher ausfallen, weil der Kontext den Preis maßgeblich bestimmt und von uns eine andere Wertschätzung erfährt. Sie können durch diesen Impact den Mitarbeiter zum Beispiel dafür sensibilisieren, auf das unterschiedliche Werteempfinden bei den Kollegen und Kunden zu achten.

Benötigtes Material & Setting

Material:	Zehn-Euro-Schein
Setting:	Einzelsetting bis zu großen Gruppen
Vorbereitung:	keine

Reflexionsfragen

- Kennen Sie Ihre drei zentralen Werte?
- Wofür geben Sie besonders viel Geld aus? Welcher Wert steckt dahinter?
- Mit welchem Wert können Sie gar nichts anfangen?
- Wie hoch schätzen Sie Ihren Selbstwert? (1= ganz niedrig, 10= extrem hoch)

Was mir als Idee dazu einfällt

2.40 Wie aus dem Ei gepellt – Von der Unumkehrbarkeit der Dinge

Ziele & Einsatzmöglichkeiten

»Ein jegliches hat seine Zeit und alles Vorhaben unter dem Himmel hat seine Stunde.« (Prediger Kohelet, Kapitel 3, Vers 14) Und auch Eier haben ihre Zeit, denn sind sie erst mal gepellt, gibt es kein Zurück mehr. Der Impact unterstützt dabei, eine akzeptierende Haltung einzunehmen, sich mit der neuen Situation zu arrangieren. Das ist leichter gesagt als getan, investieren doch viele Menschen eine gehörige Portion Energie dafür, den alten Status« wiederherzustellen. »Zurück auf Anfang« könnte das lauten, ist aber in manchen Fällen nicht möglich. Wir können die Zeit nicht zurückdrehen. Und auf manchen Wegen gibt es kein Zurück, weil wir unser Leben nicht rückwärts leben können. Diese Technik ist besonders geeignet für Mitarbeitergespräche, in denen es um die Themen »Abschied nehmen«, »Akzeptieren lernen« oder »Sich auf das Hier und Jetzt einlassen« geht. Wenn es an Eiern nicht mangelt, können Sie den Impact sowohl im Einzelsetting als auch in einer größeren Gruppe einsetzen.

Ablauf

Mareike König hat ihre Mitarbeiterin Bettina Stahl zu einem Gespräch gebeten. Zwischen Frau Stahl und ihrer Kollegin Annette kam es zu einem Zerwürfnis. Jahrelang arbeiteten die beiden in guter Eintracht in einem gemeinsamen Büro. Vor einigen Tagen kam es jedoch zu einem heftigen Streit zwischen den beiden, was gerade bei Annette zu deutlichen Kränkungsreaktionen gegenüber Bettina führte: Ablehnung, Einsilbigkeit, Ausweichen, Kritik usw. Bettina Stahl versuchte hingegen, schnell wieder zum Alltag überzugehen. Inzwischen wundert sie sich nur noch, wie man so »nachtragend und feinfühlig« sein kann. Mareike König ist die Anspannung zwischen den beiden nicht entgangen und greift das Thema in einem Impact auf:

Guten Morgen, Frau Stahl, ich hoffe, Sie haben noch nicht zu viel gefrühstückt, ich habe Ihnen nämlich ein gekochtes Frühstücksei mitgebracht. Mareike König greift nach einem Ei, das sie sich für das Mitarbeitergespräch zurechtgelegt hat und drückt es Bettina Stahl in die Hand. *Aber ich will gar nicht allzu lange mit Ihnen rumeiern, sondern gleich zur Sache kommen. Schälen Sie doch bitte das Ei und bringen Sie den Inhalt aus der Schale.* (Pause) Bettina Stahl klopft das Ei vorsichtig an der Stuhllehne an und pellt dann langsam die Schale ab.

Noch kann ich leider das Ei nicht zum Verzehr freigeben, bitte noch einen Augenblick Geduld, Frau Stahl. Nachdem Sie das Ei jetzt so rückstandsfrei aus der Schale geschält haben, kommt nun die schwierigere Aufgabe. (Pause) *Bitte bringen Sie das Ei zurück in die Schale, damit es so aussieht wie vorher.* (Pause)

Bettina Stahl lacht, nimmt kurz Anlauf, um nach einem Stück Schale zu greifen und schiebt dann hinterher: »Das kann ich mir ja schenken. Wenn's denn mal gepellt ist, gibt es kein Zurück mehr.«(Pause)

Treffender hätte ich es nicht sagen können. Es gibt Situationen, die uns einfach mit einer neuen Realität konfrontieren. Das Alte kann nie wieder so werden, wie es war. Es gibt nur eine Veränderung oder Weiterentwicklung. (Pause) *Bei Ihnen habe ich manchmal den Eindruck, als wollten Sie mit aller Gewalt das Ei wieder zurück in die Schale bringen. Oder konkreter gesagt: Die Vergangenheit zurückholen, damit alles wieder so ist, wie es war. Auch nach Ihrer Konfrontation mit Ihrer Kollegin Annette haben Sie versucht, alles wieder auf Ausgangsposition zu bringen. Nun hat Annette Ihnen signalisiert, dass sie eine neue Basis der Zusammenarbeit braucht. Die alte Schale passt nicht mehr.* (Pause) *Wie erleben Sie das, Frau Stahl?*

Varianten

Bei diesem Impact eignen sich viele Obstsorten als Alternative zum Ei hervorragend: Nüsse, Bananen, Orangen, Zitronen – greifen Sie auf das zurück, was gerade verfügbar ist. Immer wird Ihr Mitarbeiter erkennen müssen, dass es kein »Zurück« mehr gibt.

Es gibt noch eine andere faszinierende Form der »Verpackung«. Die Raupe. Nun kommen Sie nicht auf die Idee, eine Raupe zu schälen. Aber die Analogie können Sie durchaus wählen. Vielleicht finden Sie ja im Kinderzimmer Ihres Nachwuchses eine Plüschraupe, die taugt als Anschauungsobjekt sehr gut.

Wenn man versucht, den Verpuppungsprozess einer Raupe zum Schmetterling zu beschleunigen, dann bestraft einen die Natur. Das vorzeitige »Befreien« eines Schmetterlings aus dem Endstadium der Raupe hat das Absterben des Falters zur Folge. Das eigenständige Herausarbeiten aus der alten Umgebung in die neue Welt des Schmetterlings ist eine ganz wesentliche Entwicklungsphase. Sie ist nicht überflüssig, sondern Teil der »Selbstwerdung«. Kommen Sie über diese Metapher mit

Ihrem Mitarbeiter ins Gespräch, wo er sich im Veränderungsprozess womöglich noch etwas Zeit geben sollte. Oder auch, wo er anderen Zeit schenken darf, wenn es ihm bisher nicht schnell genug geht.

Benötigtes Material & Setting

Material:	gekochtes Ei
Setting:	Einzelsetting bis zu großen Gruppen
Vorbereitung:	Ei kochen

Reflexionsfragen

- Wo gibt es bei Ihnen »Eierschalen-Aktivitäten«, also Versuche, alles in Ausgangsposition zu bringen?
- Was brauchen Sie, um sich mit der Unumkehrbarkeit zu arrangieren?
- Wo versuchen Sie, Dinge zu beschleunigen, ohne auf deren »Natur« zu achten?
- Wie gehen Sie mit Notwendigkeiten um, auf die Sie keinen Einfluss haben?

Was mir als Idee dazu einfällt

2.41 Harte Schale, weicher Kern – Nicht immer vom Äußeren auf das Innere schließen

Ziele & Einsatzmöglichkeiten

Bleiben wir bei den Eiern. Auch wenn man es so landläufig sagt: Auch bei den Eiern gleicht nicht ein Ei dem anderen. Schon bei Farbe, Form und Größe gibt es deutliche Unterschiede. Und selbst wenn der äußere Schein die Gleichheit vermuten lässt, macht doch der Inhalt den Unterschied aus. Wir können eben nicht von einem Ei auf das andere schließen, auch wenn wir manchmal nach dieser Methode verfahren. Wir sollten demnach von den Eiern lernen und vorsichtig sein mit Gleichmacherei und vorschnellen Rückschlüssen. Und genau das ist die große Herausforderung. Verallgemeinerungen, die so leichtfertig mit »man« oder »wir« begonnen werden, lassen keinen Raum für Individualität. Dabei liegt die große Chance von Teams genau in der Unterschiedlichkeit ihrer Mitglieder. Der Impact macht auf eine sehr einfache und eingängige Weise deutlich, dass hinter der harten Schale ganz unterschiedliche Kerne verborgen sein können. Ich setze die Technik in Einzelsettings ein, um dem Klienten die Eier in die Hand zu drücken. Das verstärkt die multisensorische Wirkung, denn die Haptik ist bei diesem Impact besonders wichtig.

Ablauf

Katrin Best wirkt ansteckend: Wenn sie morgens schlecht gelaunt ins Büro kommt, dauert es nicht lange und sie hat mit ihrer miesen Stimmung alle anderen infiziert. Man sieht ihr dann schon am Gesicht an, dass es besser ist, sie in »Büro-Quarantäne« zu lassen. Gott sei Dank halten die Stimmungstiefs nie besonders lange an. Anders herum funktioniert es allerdings auch. Wenn Katrin guter Laune ist, kann sie alle anderen Kolleginnen und Kollegen mitreißen. Die Vorgesetzte Michaela Gödert weiß das zu nutzen. Wenn sie für ein Projekt eine Verbündete braucht und Frau Best bereits mit an Bord ist, wirkt Katrin als positiver Stimmungsverstärker – oft mit großem Erfolg.

Bei aller Euphorie übersieht sie dann jedoch gelegentlich, dass es ganz unterschiedliche Voraussetzungen gibt bei den Kolleginnen und Kollegen. Äußerlich sind zwar alle »aufgeschlossen und bereit« (gleichen sich also wie ein Ei dem anderen), aber sie bringen ganz unterschiedliche innere Haltungen mit. Michaela Gödert möchte mit Frau Best über diese Unterschiede ins Gespräch kommen und hat dafür eine Impact-Technik vorbereitet.

Hallo Katrin, ich bin sehr froh, dass du dich mit mir bei der Planung der neuen Teams engagierst. Mir ist es wichtig, dass wir im ganzen Team früh und ungeschönt alle Fragen und

Zweifel ansprechen und damit Hindernisse aus dem Weg räumen. (Pause) *Einigen fällt es leicht, sich von Anfang an einzubringen, auch kritisch. Andere sind da zögerlicher mit ihrer Meinung. Womöglich befürchten sie, dass Kritik von mir als Angriff verstanden werden könnte. Deshalb ist es nicht immer so ganz eindeutig, wer jetzt wirklich schon überzeugt »an Bord« ist oder wer noch skeptisch an Land steht.* (Pause) *Du bist mir eine große Hilfe beim Anheuern der Mannschaft. Wenn du begeistert bist, dann reißt du mit. Das habe ich schon oft erfahren dürfen.* (Pause) *Ich möchte heute noch einen weiteren Gedanken in diese Anwerbearbeit einfließen lassen und dafür habe ich etwas für dich vorbereitet* (Pause).

Frau Gödert stellt eine kleine Schüssel auf den Tisch, in der zwei Eier liegen. Von außen sind diese beiden Eier zum Verwechseln ähnlich. Was Katrin jedoch nicht weiß: Eines der beiden Eier ist gekocht, das andere roh.

Ich habe für unser Gespräch zwei Eier mitgebracht. Beschreibe mir die beiden Eier doch bitte mal, Katrin. (Pause) Nachdem Frau Best die Eier beschrieben hat, ergreift Frau Gödert wieder das Wort: *Ja, richtig gut beschrieben, danke Katrin. Eier haben nun mal keine Ecken und Kanten, die ihnen ein unverwechselbares Aussehen geben könnten. Das ist bei Menschen schon anders.* (Pause) *Interessanterweise scheren wir die Menschen allerdings oft über einen Kamm, wenn wir sie charakterisieren. Oder wir schließen von uns auf andere, weil uns die eigene Realität so allgemeingültig erscheint. Dabei wissen wir gar nicht, was wir mit den Leuten anstellen können, so lange uns ihr innerer Zustand verborgen bleibt. Und jetzt kommen wieder unsere Eier ins Spiel.* (Pause)

Greife dir doch bitte eines der beiden Eier, Katrin, und öffne es. (Pause) Frau Best nimmt ein Ei aus der Schüssel und schlägt es am Rand kurz an. Nachdem sie bemerkt hat, dass es fest ist, entfernt sie einen Teil der Schale. Sie legt das Ei auf dem Tisch ab. *Okay, und nun nimm auch das zweite Ei und öffne es, ganz so, wie du es mit dem ersten gemacht hast.* (Pause) Und wieder nimmt Frau Best das Ei und schlägt es am Schüsselrand leicht an. Nun aber fließt das Eigelb sofort aus der Schale in die Schüssel. Frau Gödert reicht ihr ein Küchenpapier, damit sie sich die Hände abwischen kann. (Pause)

Von außen nahezu identisch, im Innenleben komplett andere Voraussetzungen. Bei unserer Zusammenarbeit ist es mir wichtig, Katrin, dass wir die inneren Startbedingungen der Leute immer im Auge behalten. Auch dann, wenn wir selber schon in voller Fahrt sind und glauben, alle anderen wären auch schon »fertig gekocht«. Das mag von außen zwar so scheinen, aber wie du festgestellt hast: Der Schein trügt zuweilen. Hast du eine Idee, wie du an das Gelbe vom Ei noch treffsicherer herankommst?

Varianten

Einen ähnlichen Effekt wie mit den Eiern können Sie auch mit rohen und gekochten Kartoffeln erzielen. Damit zukünftig die Impact-Techniken aber nicht Ursache für tonnenweise Lebensmittelvernichtungen sind, können Sie natürlich auch Überraschungseier verwenden. Diese können dann anschließend noch gegessen werden. Außerdem ist das Innenleben der Ü-Eier nochmal individueller.

Einen schönen Überraschungseffekt gibt es auch mit speziellen Party-Bonbons, die mit Senf gefüllt sind. Bieten Sie Ihrer Mitarbeiterin einen dieser Bonbons an. Erwartungsgemäß schmeckt er zuerst süß, überrascht dann aber mit einer scharfen Senfsauce. Man kann eben nicht immer von der äußeren Beschaffenheit auf die inneren Werte schließen.

Abschließend noch eine Idee, die mir im Zusammenhang mit der Eiform kommt: Eier haben keine Ecken und Kanten, deshalb wirken sie so austauschbar und gewöhnlich. Auch Nullen haben keine Ecken und Kanten. Daraus könnten Sie schließen: Wenn Sie als Mitarbeiter sich trauen, ihre Ecken und Kanten zu zeigen, sind Sie keine Null. Um das deutlich zu machen, können Sie mehrere einzelne Ziffern (aus Holz oder Pappe) auf den Tisch stellen und die Mitarbeiterin auf diese Besonderheit der Null aufmerksam machen. Der Impact eignet sich zum Beispiel bei den Themen »Selbstwert« oder »Position beziehen«.

Benötigtes Material & Setting

Material:	gekochtes Ei, rohes Ei, kleine Schüssel
Setting:	Einzelsetting
Vorbereitung:	Ei kochen

Reflexionsfragen

- Wo tendieren Sie zur Gleichmacherei?
- Wo stehen Ihre Mitarbeiter gerade? An Bord oder noch an Land?
- Wie gut sieht man Ihnen Ihr Innenleben an?
- Wo ist Ihre harte Schale hilfreich? Wo weniger?

Was mir als Idee dazu einfällt

2.42 Die Kaffeebohne – Der Titel allein macht noch keinen Helden

Ziele & Einsatzmöglichkeiten

Kaffee ist nicht gleich Kaffee. Und Führungskraft ist nicht gleich Führungskraft. Auf die Mischung kommt es an und auf die richtige Form. Führung wird flüchtiger. Führung auf Zeit löst die »Institution Macht« ab. Heute kommen immer mehr Mitarbeiter in die Rolle der temporären Führungskraft. Dabei ist es wichtig, seine Rolle und die damit verbundenen Aufgaben kritisch zu hinterfragen. Der Impact »Die Kaffeebohne« regt genau dazu an. Er soll Ihren Mitarbeiter, der ggf. zum ersten Mal in eine Führungsverantwortung kommt, für seine Wirkung auf die Geführten sensibilisieren. Nicht jede Führungspersönlichkeit ist ganz nach dem Geschmack der Geführten. Dies muss man sich klar machen und aushalten – was nicht allen in der neuen Rolle ganz leichtfällt. Schließlich fühlen sie sich »vor (die Nase der anderen) gesetzt«, eben als Vorgesetzter. Die Technik kann dazu beitragen, mit dem Spannungsverhältnis »Eben Kollege – jetzt Führer« klarzukommen. Aufgrund der Kaffeekränzchen-Atmosphäre setze ich den Impact nur im Einzelgespräch ein.

Ablauf

Frank Schuster arbeitet seit rund fünfzehn Jahren als Einkäufer in einem mittelständischen Betrieb. Die knapp hundertzwanzig Mitarbeiter kennt er (mehr oder weniger) alle. Zu den unmittelbaren Kolleginnen und Kollegen hält er einen sehr persönlichen, teilweise freundschaftlichen Kontakt.

Bereits im letzten Jahr wurde er darauf angesprochen, dass die Leitung des Einkaufs neu zu besetzen ist. Aufgrund seiner sehr guten Marktkenntnisse und seiner soliden Ausbildung zum Betriebswirt hatte man ihm die Stelle des Einkaufsleiters angeboten. Seit wenigen Wochen ist Frank nun in der neuen Führungsrolle. Er hat bei seinem Vorgesetzten Dirk Niederberg um ein Gespräch gebeten, weil er den Eindruck hat, nicht so richtig anzukommen in der neuen Rolle.

Nehmen Sie Platz, Herr Schuster. Sie hatten gesagt, Sie möchten mit mir über Ihre neue Rolle als Einkaufsleiter sprechen. Ich bin wirklich sehr gespannt auf Ihre Erfahrungen der letzten Wochen. Verraten Sie mir bitte ganz zu Beginn, was Sie ganz besonders beschäftigt und der Aufhänger für unser Gespräch heute ist. (Pause) Herr Schuster schildert sein Gefühl, noch nicht die richtige »Führungsform« gefunden zu haben. Es fällt ihm schwer, einen guten Mittelweg zu finden zwischen dem Kollegen einerseits und dem Einkaufsleiter andererseits. Er hat zudem das Gefühl, dass die Akzeptanz durch die Kollegen doch sehr unterschiedlich ist, was ihn zusätzlich stark verunsichert.

Darf ich Ihnen eine Tasse Kaffee anbieten, Herr Schuster? Herr Niederberg greift nach einer Tasse und stellt sie auf den Tisch, gut sichtbar für Frank Schuster. *Wie trinken Sie Ihren Kaffee, Herr Schuster?* Dirk Niederberg greift nach dem Milchkännchen sowie dem Zucker und füllt von beidem etwas in die Tasse. Dann greift er zur Kaffeekanne und schüttet einen Teil des Inhalts in die Tasse: reines, heißes Wasser, sonst nichts. (Pause) Herr Schuster schaut irritiert, weil er die Inszenierungen bisher noch nicht ganz versteht. Dann greift Niederberg in eine Kaffeedose und nimmt dort einige Kaffeebohnen heraus. Er legt sie demonstrativ auf seinen Handteller, zeigt sie dem Mitarbeiter und wirft sie in die Tasse mit heißem Wasser, Milch und Zucker. (Pause) Er greift zum Kaffeelöffel, rührt kräftig um und sagt schließlich zu Herrn Schuster: *Lassen Sie sich Ihren Kaffee schmecken, Kollege!*

Frank Schuster lacht. Lachen ist nach meiner Erfahrung immer eine tolle Ressource, um Abstand von der Schwere eines Problems zu bekommen. Deswegen verstärkt Niederberg die heitere Stimmung, indem er mitlacht. *Was lachen Sie denn, Herr Schuster? Sie wollten doch eine Tasse Kaffee, oder nicht?*

Sehen Sie, führt Dirk Niederberg weiter aus, *das mit der Führungsrolle ist so ähnlich wie mit Ihrem Kaffee. Die Kaffeebohne allein macht noch keinen guten Kaffee. Aber das ist ja nicht schuld der Kaffeebohne. Sie braucht noch eine weitere Veredelung, damit sie ihr volles Aroma entfalten kann. Der Führungstitel allein macht auch noch keine gute Führung. Sie haben vollkommen recht, es geht darum, die für sich passende Form zu finden und eine gute Mischung zu erzielen. Und sicherlich werden Sie nicht jeden Geschmack treffen, wenn Sie eine für sich passende Form und Mischung gefunden haben. Sie sind jetzt seit knapp sechs Wochen in der neuen Leitungsfunktion. Ich habe den Eindruck, dass Sie noch eher Kaffeebohne als Mischung sind. Und ich habe den Eindruck, dass Sie versuchen, jedem Gaumen gerecht zu werden, selbst Leuten, die gar keinen Kaffee mögen. Sehe ich das richtig?*

Varianten

Stellen Sie einige Zutaten zusammen, aus denen man ein Brot backen kann: Mehl, Hefe, Salz, Zucker, Wasser, was auch immer Sie gerade auftreiben können. Es soll eine schöne Mischung sein. Diese stellen Sie dann gut sichtbar ins Blickfeld des Mitarbeiters und lenken seine Aufmerksamkeit darauf. Führung hat viele Parallelen zum Backen. (Man spricht ja auch vom »Teig führen«! Auch hier kommt es auf eine gute Führung an, damit das Brot sein volles Aroma entfalten kann.) Allerdings haben Sie wenig von den leckersten Zutaten, wenn die alle nur nebeneinander auf dem Tisch stehen. Lecker wird es erst, wenn die einzelnen Komponenten fein aufeinander abgestimmt eine schmackhafte Komposition ergeben. So ist das auch mit den Führungskomponenten: Bereitschaft, Rolle, Kompetenz, Umfeld, Techniken, das sind alles wichtige und nötige Voraussetzungen für erfolgreiche Führung. Aber nur in ihrer Gesamtheit und durch gute Abstimmung machen sie eine gute Führungskraft aus. Sie können an dieser Stelle dann über weitere Zutaten (Bedingungen, Zeit ...) sprechen, die Ihr Mitarbeiter in der neuen Rolle braucht.

Benötigtes Material & Setting

Material:	Kaffeetasse, heißes Wasser, Kaffeebohnen, Milch, Zucker, Kaffeelöffel
Setting:	Einzelsetting
Vorbereitung:	Wasser kochen

Reflexionsfragen

- Wie stimmig erleben Sie Ihre Mischung aus Führungskraft, Kollege und Geführter?
- Haben Sie den Eindruck, in der für Sie passenden »Führungsform« zu sein?
- Wie gehen Sie als »Kaffee« mit den Teetrinkern um?
- Welches sind Ihre wichtigsten Führungszutaten?

Was mir als Idee dazu einfällt

2.43 Gang einlegen – Aus dem Leerlauf ins Handeln kommen

Ziele & Einsatzmöglichkeiten

Kennen Sie das? Laut aufheulen, Wirbel machen und dann ... nichts weiter passiert. Nach wie vor ist das die Folge von diversen Change-Projekten und diversen individuellen Absichtserklärungen. Eine meiner Erfahrungen der letzten fünfzehn Jahre Coaching und Training: In der Regel mangelt es nicht am Wissen. Gute Projekte scheitern an der praktischen Umsetzung. Umso wichtiger ist es für Sie als Führungskraft, Ihre Mitarbeiterinnen und Mitarbeiter immer wieder zum Dranbleiben zu ermutigen. Zu schnell ist der Energiespargang »Gewohnheit« wieder aktiviert und es ändert sich – nichts. Wenn Sie einen Ihrer Mitarbeiter also auch dazu anregen wollen, aus dem Erklären ins Handeln zu kommen, dann eignet sich dieser Impact hervorragend. Da er an dem »Lieblingskind der Deutschen« ansetzt, dem Auto, ist die Technik extrem gut anschlussfähig an die Erfahrungswelt der meisten Menschen. Ich setze »Gang einlegen« nur im Einzelsetting ein. Aber das Bild des aufheulenden Motors, der nichts in Bewegung bringt, passt auch toll für Vorträge auf der Bühne.

Ablauf

Gabi Ehre ist die Vorgesetzte von Jasmin Freund. Die beiden hatten kurz vor Weihnachten das jährliche Jahreszielgespräch. Darin wurden die Zielzahlen für das Folgejahr besprochen als auch notwendige Aktivitäten und Schulungsmaßnahmen, um bestmöglich für die Herausforderungen vorbereitet zu sein. Aus gutem Grund vereinbart Frau Ehre mit den Mitarbeiterinnen nach drei Monaten einen Folgetermin, um den laufenden Prozess gemeinsam zu überprüfen und ggf. nachzujustieren. Auch mit Jasmin Freund hatte sie im Februar diesen Termin. Dabei fiel auf, dass Frau Freund zwar die Bedeutung der Zielzahlen verstanden hatte und auch die ersten dafür nötigen Maßnahmen erkannte. Allein am Tun scheiterte es bisher, denn die nötigen Ressourcen wie Zeit, Ausstattung und Informationen lagen alle vor. Kurzerhand entschied sich Gabi Ehre für eine Impact-Technik.

Frau Freund, ich glaube fest daran, dass Sie alle Voraussetzungen mitbringen, um die herausfordernden, aber durchaus machbaren Jahresziele zu erreichen. Wir beide hatten ja im letzten Jahr gemeinsam darauf geschaut, was für Sie realistisch ist. Die ersten Wochen des neuen Jahres sind nun vorbei und Sie sind, wie Sie sagen, noch mit den Vorbereitungen beschäftigt, um die ersten Ergebnisse einzufahren. (Pause) *Mir kommt da ein Gedanke, den ich gerne mit Ihnen teilen möchte. Dafür bitte ich Sie, mir kurz zu folgen.* Frau Freund und Frau Ehre verlassen das Büro und begeben sich zusammen auf den Parkplatz. Dort steuern sie gemeinsam auf den Pkw von Frau Ehre zu, für den sie sich bereits den Wagenschlüssel in die Tasche gesteckt hatte. Sie öffnet das Fahrzeug und bittet Jasmin Freund, auf dem Fahrersitz Platz zu nehmen.

Frau Freund, ich möchte mit Ihnen einen kleinen Ausflug machen, zu einem Ziel, dass ich Ihnen noch nicht verraten möchte. Es ist extrem wichtig, einmal dort gewesen zu sein, denn dieses Ziel ist eine Art Dreh- und Angelpunkt auf der Autobahn des Lebens. (Pause) *Was müssen Sie tun, um dieses Ziel anzusteuern, Frau Freund?* Die Mitarbeiterin nennt zuerst das Zünden des Autos, gefolgt vom Kuppeln, Gang einlegen und Gasgeben. *Sie haben vollkommen recht, zuerst einmal muss der zündende Funke überspringen, um den Motor zum Laufen zu bringen. Ich glaube, dass bei Ihnen auch der Funke übergesprungen ist, um in Richtung Ziel zu starten.* (Pause) *Nun ist hier im Fahrzeug noch kein Gang eingelegt. Bitte treten Sie jetzt trotzdem mal auf das Gaspedal und beobachten Sie, was passiert.* (Pause) *Und? Was ist Ihnen aufgefallen?* Jasmin Freund erklärt, dass der Motor laut aufgeheult hat, das Auto aber keinen Millimeter vom Fleck gekommen ist. Da geht zwar Sprit drauf, aber in Bewegung bringt das nichts. *Schauen Sie, Frau Freund, in der Art und Weise, wie Sie das definierte Ziel verfolgen, habe ich den Eindruck, dass Sie diesem Steh-Stil recht ähnlich sind. Sie treten zwar gelegentlich auf das Gaspedal und heulen auf, indem Sie mir von den Vorbereitungen erzählen. Aber tatsächlich haben Sie bisher noch keinen Gang eingelegt, um wirklich in Fahrt zu kommen. Dabei geht es wie beim Autofahren darum, einen kleinen Gang einzulegen, der Sie gemächlich in Fahrt bringt. Auf das Gas zu treten, ohne zu schalten, ist wie Kochen, ohne den Herd anzustellen. Es wird einfach nicht fertig. Ich frage mich, was Sie wohl brauchen, um in den ersten Gang zu schalten, loszulegen und in Richtung Ziel aufzubrechen.*

Varianten

Bleiben wir bei dem Vergleich mit dem Kochen. Sie können zum Beispiel Zutaten für eine Gemüsesuppe zusammenstellen und die Mitarbeiterin anleiten lassen, wie daraus eine schmackhafte Suppe wird. Sie hat alle Zutaten, weiß auch, wie sie diese zubereiten muss, und hat tatsächlich Appetit auf einen guten Teller heiße Suppe. Aber: Sie entscheidet sich nicht dafür, den Herd anzustellen.

Sie können Ihrem Mitarbeiter auch ein Bahnticket in die Hand drücken und fragen, wie er damit vom Ausgangspunkt zum Zielbahnhof kommt. Er wird Ihnen erklären, dass er in Station A in den Zug steigt und am Ziel B wieder aussteigt. Nun können

Sie dem Mitarbeiter deutlich machen, dass er da keine Fahrkarte in der Hand hält, sondern eine Stehkarte. Offenbar ist für ihn regelmäßig der Zug abgefahren, weil er nie einsteigt. Womöglich denkt er auch, dass sich die Bahnhöfe bewegen und er nur lange genug warten muss, bis der Zielbahnhof vorbeikommt.

Benötigtes Material & Setting

Material:	Kfz
Setting:	Einzelsetting
Vorbereitung:	keine

Reflexionsfragen

- Wo stehen Sie in den Startlöchern, kommen aber nicht in Fahrt?
- Wo vermuten Sie bei sich Energiefresser?
- Sind Sie im richtigen Gang unterwegs oder sollten Sie einen Gang zurück- oder hochschalten?
- Haben Sie ein konkretes Ziel vor Augen?

Was mir als Idee dazu einfällt

2.44 Verfallsdatum erreicht – Das Alte (und die Alten!) schätzen lernen

Ziele & Einsatzmöglichkeiten

Stillstand ist Rückschritt. Dieses jahrelang strapazierte Credo scheint in einer von Veränderung getriebenen Zeit geradezu das Nonplusultra des Fortschritts zu sein. Aber in meinen Augen liegen Fortschritt und Entwicklung auch darin, im entscheidenden Moment innezuhalten, seinen Standort zu inspizieren und sich zu konsolidieren. Veränderung lebt ebenso aus der Wertschätzung des Vergangenen. Und nicht nur das. Oft stellt sich die Vergangenheit als die hilfreichere, wirksamere Realität dar: Jetzt, wo ich die Zukunft kenne, will ich zurück in die Vergangenheit. (Als Abwandlung des Spruchs: Jetzt, wo ich die Lösung kenne will ich mein Problem zurück.) Der Impact »Verfallsdatum erreicht« sensibilisiert für die Wertigkeit des Vergangenen, vermeintlich Abgelaufenen. Er macht deutlich, dass die Qualität nicht zwangsläufig darunter leidet, nur weil das Produkt von gestern oder vorgestern ist. Lieber ein genießbares Appetithäppchen von gestern als eine Appetitbremse von morgen. Wenn Ihr Mitarbeiter also Schwierigkeiten hat, sich mit dem Alten zu arrangieren, oder ständig im Morgen lebt, dann ist dieser Impact für Sie eine gute Wahl. Ich setze den Joghurtbecher im Einzelsetting ein. Für einen Vortrag können Sie die Analogie aber auch auf die Bühne bringen.

Ablauf

Lebensmittel sind ein, leider trauriges, Beispiel dafür, welche Wirkung für uns ein voraussichtliches Verfallsdatum oder ein Mindesthaltbarkeitsdatum hat. Das Bundesministerium für Landwirtschaft informiert im Februar 2019, dass Jahr für Jahr allein in Deutschland rund 11 Millionen Tonnen Lebensmittel vernichtet werden. Offenbar hat der (un-)bedachte Umgang mit Lebensmitteln für die meisten Verbraucher eine große Relevanz. Daher eignet sich der Impact auch für eine sehr große Zielgruppe.

Karl Zimmermann ist mit der Arbeitsleistung seines Mitarbeiters Jan Busch sehr zufrieden. Was ihn stört, ist die geringe Wertschätzung, die Jan den »guten alten Traditionen« wie auch den älteren Mitarbeitern entgegenbringt. In dem 26-Jährigen wirkt eine große jugendliche Dynamik, die oft als Motor wirkt und gelegentlich auch viel Porzellan zerschlägt. Deshalb hat sich sein Vorgesetzter entschieden, mit Jan ein Gespräch zu führen.

Hallo Herr Busch, Sie legen sich bei der Einführung von »Disruptiv Thinking« ziemlich ins Zeug. Ich finde das klasse, denn wir werden dadurch anpassungsfähiger und erhalten mehr Gestaltungsmöglichkeiten. (Pause) *Ich möchte heute mal einen ganz verrückten Vergleich wagen und bringe diesen Veränderungsprozess mit etwas in Verbindung, das auf den ersten Blick so gar nicht zusammenpasst.* (Pause) Herr Zimmer greift nach einem zuvor bereitgestellten Joghurt. *Sehen Sie hier: Dieser Joghurt hat mich an unseren aktuellen Prozess erinnert. Haben Sie eine Idee, was das Milchprodukt mit unserer Neuausrichtung gemein haben könnte?* (Pause) Meistens kommen kreative Interpretationen, zum Beispiel Reifezeit, nicht jedermanns Geschmack oder »Wenn er mal geöffnet ist, gibt's kein Zurück mehr«. Herr Zimmermann bestätigt Herrn Busch in seinen Aussagen. Dann drückt er ihm den Joghurtbecher in die Hand. (Pause) *Schauen Sie sich den Becher mal genau an.* (Pause) *Fällt Ihnen was auf?* (Pause) Ggf. bemerkt der Mitarbeiter selbst, dass der Joghurt vor zwei Tagen sein Verfallsdatum erreicht hat. Wenn nicht, weisen Sie als Vorgesetzter darauf hin.

Das Mindesthaltbarkeitsdatum ist vor zwei Tagen abgelaufen. Was würden Sie mit dem Joghurt anstellen, Herr Busch? Der Mitarbeiter wird mit hoher Wahrscheinlichkeit sagen, dass er das Produkt ohne Weiteres konsumieren würde. Falls nicht, können Sie ihn dazu animieren, es zu probieren, oder Sie essen selber etwas davon.

Schauen Sie, Herr Busch, ich glaube, der Joghurt und unser Entwicklungsprozess haben an dieser Stelle eine weitere wichtige Gemeinsamkeit. Was von gestern ist, kann heute noch genauso gut genießbar sein. Es geht mehr darum, ob einem die Sache schmeckt als um das Gültigkeitsdatum. Und hilfreiche Gewohnheiten haben gar kein Verfallsdatum, sondern eher eine Art »unbefristeten Wirkungsvertrag«. Der wird erst gekündigt, wenn der wirksame Beitrag verlorengeht. Wie denken Sie über den Joghurt, unsere »alten Hüte« und die neuen Herausforderungen?

Varianten

Wenn Sie Lebensmittel nicht zum Impact-Gegenstand machen wollen, dann können Sie auch auf andere Objekte zurückgreifen. In diesem Fall eignet sich zum Beispiel etwas Antiquarisches sehr gut. Die (Kunst-)Gegenstände werden mit der Zeit sogar immer wertvoller. So ähnlich ist das auch mit einem Whisky oder Käse (aber da wären wir ja schon wieder bei den Lebensmitteln ...).

Produkte mit Verfallsdatum eignen sich hervorragend, um die Flüchtigkeit der Dinge ganz allgemein zu verbildlichen. Ich greife dabei gerne wieder auf den Joghurt zurück, um die Vorhaltezeit von Wissen zu verdeutlichen. Das ist nämlich heute ähnlich schnell veraltet wie ein Joghurt. Das Verfalldatum von Wissen wird immer kürzer.

Benötigtes Material & Setting

Material:	Joghurt mit abgelaufenem Verfalldatum
Setting:	Einzelsetting
Vorbereitung:	keine

Reflexionsfragen

- Was schätzen Sie besonders an Ihrer (beruflichen) Vergangenheit?
- Worauf würden Sie gerne ein Verfallsdatum kleben, um es loszuwerden?
- Wo haben Sie den Eindruck, dass Ihnen die Zeit davonläuft?
- Wie gut bekommen Sie Altes und Neues in Einklang?

Was mir als Idee dazu einfällt

2.45 Alles Banane – Warten, bis die Zeit reif ist

Ziele & Einsatzmöglichkeiten

Eine zentrale Aufgabe von Mitarbeitern ist es, Entscheidungen zu treffen. Einigen geht das eher leicht von der Hand, anderen fällt das Entscheiden schwer. Es gibt die Spontan-Entscheider und die Warten-auf-den-richtigen-Augenblick-Entscheider. Letztere tendieren manchmal dazu, gar nicht zu entscheiden, weil der »richtige Zeitpunkt« sich irgendwie nie so wirklich einstellen will. Allerdings gibt es auch eine gehörige Portion Spontan-Entscheider, die mangels Geduld ein besseres Ergebnis verhindert haben. Walter Mischel hat in seinem bekannten Marshmellow-Experiment diese Art von Belohnungsaufschub untersucht (Mischel 2014). Und aktuelle Test bestätigen, dass viele Menschen nach dem Motto entscheiden: »Lieber den Spatz in der Hand als die Taube auf dem Dach.« Der Impact »Alles Banane« macht deutlich, dass manche Entscheidungen noch reifen müssen, bevor sie zu »guten« Entscheidungen werden können. Der Impact wendet sich daher in erster Linie an Mitarbeiter, die sehr spontan oder überstürzt Entscheidungen treffen und damit (zu) oft daneben liegen. Sie können den Impact außerdem in Gesprächen einsetzen, wenn es grundsätzlich um das Thema »Sich Zeit nehmen« geht. Das mache ich zum Beispiel häufig innerhalb der Werteklärung. Auch diesen Impact setze ich im Einzelsetting ein.

Ablauf

Bananen werden grün geerntet, damit sie nach wochenlanger Seefahrt am Bestimmungsort zur Genussreife kommen. Das klappt eher selten: Viele Bananen landen in Deutschland noch grün in den Obstregalen des Lebensmittelhandels. Und sobald die Bananen dann ein paar braune Flecken bekommen, will sie schon keiner mehr haben. Die beste Verkaufszeit gelber Bananen ohne Flecken ist also relativ kurz. Aber für den Impact-Einsatz eignen sie sich in allen Reifegraden, hier zum Beispiel als grüne Banane.

Stefan Schwab ist der Vorgesetzte von Thorsten Windhammer. Herr Windhammer leitet ein kleines regionales Verkaufsteam von fünf Mitarbeitern. Thorsten macht seine Arbeit als Führungskraft viel Spaß. Er nutzt seinen Entscheidungsspielraum oft und verantwortlich und hat dadurch schon so manche neuen Trittsteine gelegt. Aber: Manchmal legt er sich mit seinen spontanen Entscheidungen auch selber Steine in den Weg. Dann nämlich, wenn das Abwägen von Für und Wider noch nicht abgeschlossen ist. Oder wenn die Mitarbeiter noch etwas Zeit brauchen, um eine Idee »reifen« zu lassen. Stefan Schwab möchte darüber mit Herrn Windhammer sprechen.

Keine Entscheidung ist auch eine Entscheidung. Sie kennen das, Herr Windhammer. Und ich glaube, dass Sie deshalb auch gerne Entscheidungen treffen. Sehe ich das richtig? (Pause) Herr Schwab kommt mit dieser Aussage direkt ins Thema und lädt den Mitarbeiter dazu ein, seinen »entscheidenden Blick« darzustellen. Grundsätzlich gilt Entscheidungsfreude als charakteristisches Zeichen »guter« Führung. Aber wie alles im Leben, gibt es auch hier ein »Zuviel« oder »Zuschnell«. Nachdem Herr Windhammer seine Wahrnehmung dargestellt hat, ergänzt Stefan Schwab:

Ich habe mich heute Morgen entschieden, Ihnen eine krumme Sache mitzubringen, die nach einer Entscheidung ruft. Haben Sie Lust, sie sich anzuschauen? (Pause) Nach dem Okay holt Schwab eine Banane aus seiner Tasche. *Hier ist sie. Ich dachte mir, Sie stehen öfters vor der Herausforderung, krumme Dinger wieder gerade zu biegen. Da fiel mir direkt die Banane ein. Aber es geht heute weniger darum, dass die Banane krumm ist. Nein, heute geht es darum, dass die Banane grün ist! Trotzdem bleibt sie ja eine Banane. Und daher möchte ich Sie dazu animieren, diese Banane hier und jetzt zu essen, Herr Windhammer. Was halten Sie davon?* (Pause) Wahrscheinlich wird er es vorziehen, die Banane noch etwas reifen zu lassen. Wenn er aber wieder spontan entscheidet, dann lassen Sie den Mitarbeiter die unreife Banane einfach essen.

Ich glaube auch, dass es vernünftig ist, der Banane noch etwas Zeit zu geben und sie reifen zu lassen. Sie wird nämlich mit der Zeit immer aromatischer. Und dann heißt es, in Phase gelb zu ernten. Wie praktisch, die Banane zeigt uns sogar, wann Zeit ist zum Handeln.

Wenn der Mitarbeiter die Banane tatsächlich gegessen hat, dann fragen Sie nach dem Aroma der Frucht. Kommen Sie darauf zu sprechen, dass die Banane mit jedem Reifetag umso intensiver nach Banane schmeckt.

Sie haben heute entschieden, der Banane mehr Zeit zu schenken, um sich selbst den Genuss zu erhöhen. Ich glaube, in Ihrem Arbeitsalltag gibt es auch solche Bananen-Entscheidungen, die noch etwas Zeit brauchen. Es sind die Entscheidungen, die nicht aus einer akuten Not heraus getroffen werden müssen, sondern die uns noch ein paar Tage Zeit lassen. (Pause) *Ich habe manchmal den Eindruck, dass Sie bei Ihrem großen Engagement manchmal ans Schälen der Banane gehen, obwohl die Zeit für sie noch gar nicht wirklich reif war. Lassen Sie uns doch mal nach Beispielen schauen, wo das der Fall gewesen sein kann.*

Varianten

Der Impact »Zarte Pflänzchen fördern« zielt in eine ähnliche Richtung. Dort ging es um das Beschleunigen von Wachstum. Beide Impacts verbindet der Gedanke, Zeit zu gewinnen. Wenn man einem Schmetterling versucht, aus dem Kokon zu helfen, dann verhindert man seinen natürlichen Wachstums- und Entfaltungsprozess, was nicht selten zum Absterben des Schmetterlings führt. Dinge brauchen ihre Zeit, Wachstum braucht seine Zeit, Entscheidungen brauchen ihre Zeit.

Wissenschaftler haben nachgewiesen, dass Menschen nach einer gewissen Zeit entscheidungsmüde werden, wenn sie viele und schnelle Entscheidungen treffen. Sie tendieren dann dazu, die »leichten« Entscheidungen zu treffen. Da Entscheidungen für das Gehirn immer Anstrengung bedeutet, wird es mit der Zeit kraftlos und sucht den Weg des geringsten Widerstands. Sie können also Ihrem Mitarbeiter auch eine Anzahl unterschiedlicher Ja-Nein-Entscheidungsfragen stellen (als eine Art Experiment), die er in einem sehr begrenzten Zeitrahmen beantworten muss. Anschließend schauen Sie sich gemeinsam die Qualität der Entscheidungen an und besprechen seine Leistungskapazitäten sowie eine Entscheidungskriterien.

Benötigtes Material & Setting

Material:	grüne Banane
Setting:	Einzelsetting
Vorbereitung:	keine

Reflexionsfragen

- Wie gut können Sie eine Nacht darüber schlafen, bevor Sie eine Entscheidung treffen?
- Wie lebendig ist Ihr innerer Antreiber »Beeil dich«?
- Wofür sollten Sie sich mehr Zeit nehmen?
- Woran machen Sie einen »richtigen« Zeitpunkt für Entscheidungen fest, wann sind sie reif?

Was mir als Idee dazu einfällt

2.46 Schlabbern verboten – Die Hände frei haben, um Neues anzupacken

Ziele & Einsatzmöglichkeiten

»Wer loslässt, hat beide Hände frei.« Ich weiß nicht, von wem diese Aussage ist, aber sie lädt förmlich zu einem Impact ein. Und ich kenne die folgende Technik schon seit Jahren. Allerdings war mir nie bewusst, dass ich damit schon ganz viel Impact-Arbeit geleistet hatte. Seitdem ich sie ganz gezielt als analoge Kommunikationstechnik einsetze, kommt sie noch viel öfter zur Anwendung. Ganz viele meiner Klienten kommen nämlich mit einem Veränderungswunsch oder einem Leidensdruck ins Coaching, scheuen aber den Abschied von vertrauten Gewohnheiten. Der Impact unterstützt Sie dabei, Ihren Mitarbeiter zum Abschied und Neuanfang zu ermutigen. Außerdem macht er die Nebenwirkungen sehr schön deutlich, die zu langes Festhalten in Veränderungsprozessen mit sich bringt. Ich setze den Impact sowohl im Einzelsetting als auch in Gruppen ein. Bei Gruppen greife ich mir einen Protagonisten raus, der die Wassergläser hält. Die anderen Teilnehmer werfen ihm dann die Bälle zu.

Ablauf

Alles, was Sie für diese wirkungsvolle Inszenierung brauchen, sind zwei Gläser gefüllt mit Wasser und einen Ball. Alternativ zum Ball kommen alle anderen Gegenstände infrage, die man leicht werfen und gut schnappen kann. An den Wassergläsern kommen Sie allerdings nicht vorbei.

Maximilian Kneif ist der Vorgesetzte von Annette Zimmermann. Frau Zimmermann ist eine sehr korrekte Mitarbeiterin, die Herr Kneif für besondere Detailaufgaben gerne einsetzt. Er weiß, dass Annette mit großer Gründlichkeit an die Aufgaben herangeht. Auf der Kehrseite der Medaille steht bei Annette die Angst vor Veränderung. Ihr fällt es unglaublich schwer, sich neuen Ideen und Arbeitsweisen zuzuwenden. Sie hält daher ewig lange an »guten, alten Gewohnheiten« fest, was teilweise eine gewisse Zwanghaftigkeit mit sich bringt. Maximilian Kneif möchte mit Frau Zimmermann über seine Wahrnehmung sprechen.

Ihr Zupacken und Dranbleiben schätze ich sehr. Und aus diesem Grund habe ich mir für unser heutiges Gespräch eine kleine Übung einfallen lassen. Sind Sie für ein kurzes Experiment zu haben? (Pause) Nachdem Frau Zimmermann sich bereit erklärt hat, greift Maximilian nach zwei bereitgestellten Wassergläsern. *Ich habe hier zwei Gläser. Das eine Glas steht für Ihre Korrektheit und das andere Glas für Ihre Beharrlichkeit. Das sind zwei sehr wichtige Eigenschaften, die Ihnen und uns oft große Dienste leisten.* Herr Kneif drückt Frau Zimmermann ein Glas in die linke, das andere Glas in die rechte Hand. Dann greift er zu einem vorbereiteten Krug Wasser. *In Ihrem Korrektheit-Glas ist ganz viel Sorgfalt, Sicherheit, Kontrolle und Überwachung. Während er das aufzählt, kippt er Wasser in das Glas, bis es fast ganz voll ist.* (Pause) *In Ihrem Beharrlichkeit-Glas ist ganz viel Ausdauer, Kontinuität, Hartnäckigkeit und Zielstrebigkeit.* Auch hier schüttet Herr Kneif beim Aufzählen Wasser in das Glas, bis es fast voll ist.

Halten Sie die Gläser bitte einen Moment, Frau Zimmermann, so wie Sie auch an dieser Arbeitsweise gerne festhalten. (Pause) *Nun kommt der zweite Teil unseres kleinen Experiments.* Herr Kneif greift nach einem kleinen Ball, den er sich in Griffweite paratgelegt hat. *Ich werfe Ihnen nun diesen Ball zu. Ihre Aufgabe ist es, den Ball zu fangen, ohne die beiden gefüllten Wassergläser aus der Hand zu legen. Bitte achten Sie darauf, dass Sie dabei kein Wasser verschütten. Verstanden?* (Pause) Herr Kneif wirft Frau Zimmermann nun den Ball zu. Erwartungsgemäß kann sie den Ball nicht fangen, weil sie die Hände nicht frei hat. Oder sie nimmt die Arme als »Fangkorb« hinzu und verschüttet dabei Wasser aus den Gläsern. (Pause)

Dieser Ball ist der Ball der Veränderung, der neuen Herausforderungen, des Unvorhersehbaren. Manche dieser Bälle werden uns tatsächlich im Leben zugespielt. Und dann heißt es, im richtigen Moment zupacken. Das geht aber nur, wenn wir dafür auch die Hände frei haben. Wenn wir sehr voll sind mit Routinen und Prägungen, so voll wie diese Wassergläser, dann bleibt kein Platz mehr für neue Erfahrungen. Im Gegenteil: Wir verteilen unsere Gewohnheiten nur großflächig im Raum. Manchmal holen wir uns damit sogar nasse Füße. (Pause) *Haben Sie eine Idee, wie Ihnen das Zuspielen und Annehmen leichter gelingen kann, Frau Zimmermann?*

Varianten

Der Einsatz von gefüllten Wassergläsern hat besonders viel Symbolik, daher setze ich diese Requisiten gerne ein. Grundsätzlich können Sie aber auch viele andere Gegenstände benutzen, die die Hände voll machen. Besonders beeindruckend wird es, wenn Sie Ihren Mitarbeiter mit vielen »Eigenschaftssymbolen« ausstatten, die sie ihm nach und nach in die Hände drücken. Am Ende darf er durchaus einen ganzen Arm voll »guter Eigenschaften« haben. Dann wird es umso schwerer, den zugespielten Ball zu fangen, ohne dass die Hälfte der zuvor erhaltenen Objekte auf den Boden fällt.

Tauschen Sie die beiden Wassergläser gegen einen Suppenteller aus, in den Sie Wasser schütten. Die Mitarbeiterin soll den Teller mit beiden Händen festhalten und während der Übung auch nicht mehr loslassen. Der weitere Verlauf ist analog der Wassergläser.

Ich habe in meinem Büro zwei Marmorkugeln. Ich nenne Sie »Handschmeichler«, weil sie so toll in der Hand liegen. Sie können aber auch Holz- oder Kunststoffkugeln verwenden. Drücken Sie Ihrem Mitarbeiter diese Kugeln in die Hände. Wenn Sie nur eine Kugel haben, auf jeden Fall in die »führende« Hand: bei Rechtshändern also in die rechte, bei Linkshändern in die linke Hand. Nun bitten Sie den Mitarbeiter, mit einem Stift einen vorbereiteten Satz zu schreiben, ohne die Kugel(n) abzulegen. Sie werden in ratlose Augen schauen.

Benötigtes Material & Setting

Material:	zwei Wassergläser, gefüllter Wasserkrug, kleiner Ball
Setting:	Einzelsetting
Vorbereitung:	Wasserkrug füllen

Reflexionsfragen

- An welche »gute alte Gewohnheit« klammern Sie sich besonders?
- Was könnten Sie anpacken, wenn Sie loslassen könnten?
- Wie können Sie den Vorteil des Festhaltens auch zukünftig gewähren?
- Hände frei: Wo würden Sie als Erstes zugreifen?

Was mir als Idee dazu einfällt

2.47 Lottoglück – Durch persönlichen Einsatz dem eigenen Glück nachhelfen

Ziele & Einsatzmöglichkeiten

»Jeder ist seines Glückes Schmied.« Stimmt das wirklich? Wäre es dann überhaupt noch Glück oder das Ergebnis von Zielsetzung, Planung und Realisierung? Und gäbe es dann noch Pech, wenn es kein Glück mehr gäbe? Wie auch immer Ihre persönlichen Antworten darauf ausfallen mögen – mit dem Impact »Lottoglück« können Sie ein Bewusstsein dafür schaffen, dass Glück auch eine Chance braucht. Das gilt in allen Fällen, wenn Mitarbeiter von »Glück« sprechen: »Der hat bei der Beförderung mehr Glück gehabt als ich.«, »Der hat einen tollen Kunden gewonnen – Glück gehabt!«, »Du hattest ganz schön Glück, dass die Kollegen das alle so wohlwollend akzeptiert haben.« Oft steckt hinter diesem Glück tatsächlich eine gute Portion Vorarbeit. Das »Lottoglück« fällt eben auch nicht vom Himmel, denn auch hier müssen ein paar Bedingungen erfüllt sein. Wenn Sie Ihren Mitarbeiter also dafür sensibilisieren wollen, das Tun zum Glück führt, dann ist dieser Impact genau die richtige Wahl für Sie. Sie können ihn im Einzelgespräch genauso gut einsetzen wie in Teambesprechungen und in großen Gruppen. Händigen Sie dann einfach allen Teilnehmern einen Lottoschein aus. Ich lege zum Beispiel zu Beginn eines Vortrags auf jeden Gästestuhl einen Spielschein. Das macht direkt neugierig.

Ablauf

Barbara Hilbert beobachtet bei ihrem Mitarbeiter Bernd Laux seit Längerem, dass er die Erfolge seiner Kollegen mit »viel Glück« erklärt. Das ärgert sie, weil sie der Meinung ist, Herr Zimmermann bleibt mit dieser Schicksalshaltung deutlich hinter seinen Möglichkeiten zurück. Anstatt sich einzubringen und im gesunden Wettbewerb seine Position zu finden, wartet er auf den Glücksboten, so der Eindruck von Barbara Hilbert. Sie hat sich deshalb dazu entschlossen, mit Bernd ein Gespräch zu führen über das Glück und die Möglichkeiten, darauf Einfluss zu nehmen.

Unser Kollege Diers hat einen guten Neukunden gewonnen. Da war er lange dran und jetzt hat es endlich geklappt. Sie haben eben in unserem Gespräch angemerkt, dass er Glück gehabt hat, im richtigen Moment am richtigen Platz zu sein. Ich habe mich nach dieser Aussage spontan gefragt, was noch für diesen Erfolg verantwortlich sein könnte, wenn es kein Glück war? Dazu habe ich etwas vorbereitet, Herr Laux. (Pause) Frau Hilbert zieht einen Lottoschein hervor. *Ich habe etwas mitgebracht, was für ganz viele Menschen als das Glückssymbol schlechthin gilt: einen Lottoschein.* (Pause) *Den möchte ich Ihnen heute gerne geben, damit das Glück auch bald mit Ihnen ist, Herr Laux.* Barbara Hilbert übergibt dem Mitarbeiter den Schein. *Jetzt, wo Sie den Schein in Ihren Händen halten: Denken Sie, das Glück wird bei Ihnen anklopfen?* Bernd Laux schaut zuerst etwas irritiert, sammelt sich dann aber und betont, dass der Schein allein ihn nicht wirklich zum glücklichen Gewinner machen wird. Dazu bräuchte es ja noch ein paar weitere Parameter: Zuerst müsse er ein paar Kreuze machen, nicht zu viele, nicht zu wenige, damit der Spielschein seine Gültigkeit behält. Dann müsse er den Schein auch abgeben, denn sonst würde er sich womöglich über einen entgangenen Gewinn ärgern. Und schließlich müsse er auch noch seinen Einsatz zahlen, denn ohne eigenen Beitrag sei dieses Glück nicht zu haben.

Ich hätte das alles nicht besser zusammenfassen können. Barbara Hilbert wiederholt noch einmal die Voraussetzungen, die zum möglichen Lottoglück erfüllt sein müssen. *Sie sehen, dass einiges zu tun ist, bis das Glück überhaupt eine Chance bekommt. Ich frage mich bei Ihnen immer wieder, wie oft Sie vor einem leeren Lottoschein sitzen, Herr Laux, und warten, bis das Glück an Ihre Tür klopft. Was können Sie tun, damit die Wahrscheinlichkeit, erfolgreich zu sein, ein gutes Stück für Sie steigt?*

Varianten

Einen ähnlichen Effekt erzielen Sie auch mit dem Spiel »Mensch ärgere Dich nicht«. Viele haben das ja noch in den Kinderzimmern. Setzen Sie sich zusammen mit Ihrem Mitarbeiter vor das Spielfeld und kommen Sie darüber ins Gespräch, welche Voraussetzungen dafür gegeben sein müssen, um die Spielfiguren glücklich ins Ziel zu bewegen. Erstens braucht es mindestens einen Mitspieler, der auch für »Pech« sorgen kann, denn sonst macht das ganze Spiel gar keinen Sinn. Zweitens setzt es die Bereitschaft voraus, die Würfel fallen zu lassen. Ganz im Sinn von »Alea iacta est« – der Würfel ist geworfen. Der Ausgang steht zwar schon fest, aber er ist noch nicht bekannt, weil der Würfel noch in der Luft ist.

Eine ganz schöne Variante ist auch ein selbst gebastelter Würfel. Ich habe mir aus einem quadratischen weißen Karton einen Würfel geformt, auf dem das Feld mit den »sechs Augen« fehlt. Lassen Sie nun Ihren Mitarbeiter würfeln: Wenn er die Sechs würfelt (was natürlich nicht geht, da sie fehlt), bekommt er einen Tag Sonderurlaub, eine Gehaltserhöhung, einen Dienstwagen, was auch immer Sie ihm versprechen. Drücken Sie ihm den Würfel in die Hand und los geht's. Vielleicht sind Sie sogar ganz großzügig und lassen ihn ein zweites, drittes Mal würfeln, weil Ihnen der Pechvogel so leid tut. Am Ende lösen Sie diesen aussichtslosen Akt auf, indem Sie den präparierten Würfel enttarnen. Kommen Sie darüber ins Gespräch, wie realistisch das Glück überhaupt ist, auf das er gehofft hat.

Benötigtes Material & Setting

Material:	blanko Lottoschein
Setting:	Einzelsetting, Team oder große Gruppe
Vorbereitung:	keine

Reflexionsfragen

- Wo können Sie aktuell Ihrem Glück nachhelfen?
- Ist Glück für Sie die Abwesenheit von Pech?
- Wann haben Sie sich und andere zuletzt glücklich gemacht?
- Reicht Ihnen Zufriedenheit, oder muss es Glück sein?

Was mir als Idee dazu einfällt

2.48 Der Hammer – Den Blick vom Problem zur Lösung lenken

Ziele & Einsatzmöglichkeiten

Vorgesetzte kennen die Ausrichtung auf das Problem: Dieses geht nicht, das funktioniert nicht, das ist schon so oft gescheitert usw. Oft stehen die Mitarbeiter dann mit großen Augen vor dem Chef und warten darauf, dass dieser ihnen schon eine Lösung liefern wird. Und oft genug geht diese Rechnung auch auf, denn schnell selber gelöst ist immer noch besser als lange erklärt. Aber damit ist der Lösungskompetenz des Mitarbeiters nicht geholfen. Und dem Förderauftrag des Vorgesetzten doppelt nicht. Wenn Sie also Ihrem Mitarbeiter ein aussagekräftiges Signal in Richtung Lösung präsentieren möchten, dann ist dieser Impact für Sie eine gute Wahl. Sie richten damit den Blick weg vom »Problemnagel« zum »Lösungshammer«. Damit ist der Impact eine neue Interpretation von Paul Watzlawicks Aussage: »Wer nur einen Hammer hat, hält jedes Problem für einen Nagel.« Bisher habe ich die Inszenierung nur in Einzelgesprächen eingesetzt, weil das Überreichen der Nägel eine unmittelbare Atmosphäre verlangt.

Ablauf

»Damit haben Sie den Nagel auf den Kopf getroffen« könnte man sagen, wenn der Mitarbeiter seine eigene Lösung gefunden hat. Ich stelle die Aussage an den Anfang, weil sie das Bild des Impacts so schön in Worte fasst. Treffen Sie als Vorgesetzter den Nagel auf den Kopf, indem Sie Ihrem Mitarbeiter eine erweiterte Perspektive anbieten, den Blick auf mögliche Lösungen.

Valerie Klein nervt es, dass ihre Mitarbeiterin Patricia Wollwick immer wieder zum Problemeabladen bei ihr auf der Matte steht. Früher hat sie oft Feuerwehr gespielt und das Problem für Patricia gelöst, damit diese wieder ungestört weiterarbeiten konnte. Irgendwann wechselte Valerie dann ihre Strategie und ging in die Fragetaktik über: Was hast du selber schon unternommen, um dein Problem zu lösen? Keine schlechte Richtung, wie ich finde. Nur leider waren die Erklärungen zusätzliche Probleme, die am Ende ein ganzes Problem-Mobile als Ergebnis hinterließen: Wenn du ein Problem bewegst, kommen gleich alle anderen auch in Aktion. Frau Klein hat sich deshalb entschieden, mit einem Impact eine neue Variante der Gesprächsführung einzusetzen. Sie weiß, dass auch Impacts kein Allheilmittel sind, aber eine gute Möglichkeit für neue Denk- und Fühlimpulse.

Hallo Frau Wollwick, Sie möchten mit mir über die Probleme bei der Messenachbereitung sprechen. Die Unterlagen vom Verkauf sind inzwischen ja im Haus. Sind die Gesprächsprotokolle inzwischen an die zuständigen Außendienstler weitergeleitet? Patricia Wollwick fängt an zu erzählen und es dauert nicht lange, da landet das erste Problem auf dem Tisch. Wenn die Unterlagen zuerst an den Außendienst gehen, landen sie mit hoher Wahrscheinlichkeit nicht mehr beim zuständigen Sachbearbeiter im Haus. Wenn die Protokolle aber zuerst zum Sachbearbeiter gehen, reklamiert der Außendienst die Unterlagen. *Okay, das habe ich verstanden. Ich möchte heute unser Gespräch durch eine besondere Technik unterstützen. Ich nenne sie die »Hammertechnik«. Für das Problem mit dem Verteilen der Unterlagen erhalten Sie von mir jetzt einen Nagel, also eine Art »Problemnagel«.* Valerie Klein überreicht der Mitarbeiterin den Nagel. (Pause) *Wenn das Problem gelöst wäre, wie ginge es dann weiter?* Frau Wollwick braucht nicht lange und das nächste Problem tut sich auf. Und wieder zieht Frau Klein einen Nagel hervor und überreicht ihn der Mitarbeiterin. So geht es einige Male weiter, bis das Patricia vier Nägel zusammenhat. Es hätte auch schon ein Problemnagel für den Impact gereicht, aber manche Mitarbeiter haben mehr zu bieten als Einzelprobleme …

Ich bitte Sie nun, Frau Wollwick, dass Sie diese Nägel nun in die Wand schlagen, damit wir die Probleme dort »an den Nagel« hängen können. (Pause) Patricia Wollwick schaut etwas hilflos, denn sie sitzt zwar auf einer Menge brauchbarer Nägel, aber ohne Hammer wird sie ihre Probleme nicht los.

Sie haben vollkommen recht, Frau Wollwick, ohne Hammer wird das ein schwieriges Unterfangen. Wer nur damit beschäftigt ist, Nägel zu sammeln, ohne sich einen Hammer zu beschaffen, der bleibt sowohl auf seinen Nägeln als auch auf seinen Problemen sitzen. Man könnte wirklich sagen: »Das ist doch der Hammer!«. Bevor ich Ihnen heute wieder das Werkzeug reiche, ja vielleicht sogar für Sie den Nagel in die Wand schlage, möchte ich mit Ihnen über eine für Sie passende Ausstattung und Fingerfertigkeit sprechen. Wie kommen Sie an Ihren eigenen Hammer?

Varianten

Wenn Sie im Bild des Werkzeugs bleiben wollen, dann greift der Impact auch mit Schrauben und einem Schraubenzieher. Eine schöne Variante sind auch Konservendosen, zu denen man einen Dosenöffner benötigt. Oder Flaschen, die einen Flaschenöffner erfordern. Hier sind ja inzwischen viele schon sehr fingerfertig und öffnen Kronkorkenverschlüsse mit dem Feuerzeug, an der Tischkante oder sogar den

Zähnen! Falls das der Fall ist, greifen Sie diese Kompetenz direkt auf und animieren Sie dazu, mit ähnlicher Kreativität an die Lösung der aktuellen Probleme zu gehen.

Einen sehr schönen Perspektivenwechsel bekommen Sie auch, wenn Sie statt der Nägel jeweils einen Hammer überreichen. Dann hat der Mitarbeiter bei jeder geäußerten Schwierigkeit bereits einen »Lösungshammer« in der Hand. Dadurch stellen Sie das Problem auf den Kopf: Wenn Ihr Problem bereits die Lösung wäre, wie müsste dann das ursprüngliche Problem gelautet haben?

Benötigtes Material & Setting

Material:	ausreichende Anzahl Nägel, einen Hammer
Setting:	Einzelsetting
Vorbereitung:	keine

Reflexionsfragen

- Welcher Teil der Lösung steckt bereits im Problem?
- Wie müsste das Thema beschaffen sein, damit es für alle anderen Menschen zum Problem würde?
- Wer hat damit weniger oder gar kein Problem?
- Was werden Sie als Erstes tun, wenn das Problem gelöst ist? Was (oder welchen Teil) davon können Sie jetzt schon tun?

Was mir als Idee dazu einfällt

2.49 Der Entscheidungswürfel – Aus der Handlungsohnmacht einen Ausweg finden

Ziele & Einsatzmöglichkeiten

Eine der häufigsten Ursachen, warum Prozesse nicht ins Laufen kommen oder weiterlaufen, ist die Entscheidungsunfähigkeit vieler Mitarbeiter. Einige delegieren die Entscheidung gerne an Kollegen oder Vorgesetzte, andere sitzen die Entscheidung aus, weil sie Angst vor falschen Entscheidungen haben. Wieder andere haben das Gefühl, sich nicht entschieden zu können, weil sie nicht wissen, was die »beste« Entscheidung ist. Wenn auch Sie spontan so einen Mitarbeiter vor Augen haben, dann ist der Entscheidungswürfel eine wunderbare Impact-Technik, um aus der Ohnmacht wieder ins Handeln zu kommen. Oft werden dabei sogar innere Widerstände deutlich, die mit dem (Zu-)Fall des Würfels verbunden sind. Ich setze den Entscheidungswürfel im Einzelsetting ein. Aber wenn sich ein Team mit einer gemeinsamen Entscheidung extrem schwertut, können Sie den Impact auch als Unterstützung in eine Teammoderation einbauen.

Ablauf

Severin Hernstein ist es wichtig, dass seine Mitarbeiter eigenverantwortliche Entscheidungen treffen. Die Verantwortung teilt er letztendlich sowieso, weil er für jeden seiner Mitarbeiter in der Pflicht steht und deren Entscheidungen vertreten muss. Darum ist Eigenverantwortung unter dem Strich für ihn immer eine gemeinsame Verantwortung. Allerdings erleben einzelne Mitarbeiter die Entscheidungsfreiheit nicht als Lust, sondern als Last. Dazu gehört auch Claudia Reidt. Sie ist eine sehr ordentliche und gewissenhafte Mitarbeiterin, aber sie entscheidet gar nichts. Sie kommt mit allen Wahlmöglichkeiten zu Severin Hernstein, leitet sie an andere Kollegen oder den Außendienst weiter und wartet dann auf Antworten. Ist eine Entscheidung getroffen, erlebt Herrn Hernstein seine Mitarbeiterin häufig erleichtert und emsig in die Weiterarbeit vertieft.

Frau Reidt, Sie sagten, es wäre eine Entscheidung zu treffen, ob wir das Angebot mit den vorliegenden Optionen so rausgeben können oder wir noch auf das letzte Lieferantenangebot warten sollen. Entweder wartet der Kunde jetzt noch länger auf seine Unterlagen oder wir vergeben vielleicht die Chance auf noch günstigere Konditionen. (Pause) Claudia Reidt bestätigt die Aussage von Herrn Hernstein und betont noch einmal das Dilemma, in der sie sich sieht. Sie wisse nun auch nicht, was der bessere

Weg wäre, zumal sie dafür ja nicht die Verantwortung übernehmen könne, wenn der Kunde zwischenzeitlich woanders kauft.

Okay, ich habe verstanden, zwischen welchen zwei Stühlen Sie sitzen. Und in der Tat ist es nicht immer ganz leicht, eine richtige oder für alle passende Entscheidung zu treffen. Entscheidungen sind da manchmal ganz schon fiese Biester, die uns viel abverlangen. Ich mache Ihnen heute ein unmoralisches Angebot, Frau Reidt. (Pause) Severin Hernstein greift in eine Ecke des Raumes und holt einen Entscheidungswürfel hervor. Die Seiten des Würfels sind dreimal mit JA und dreimal mit NEIN beschriftet. Er drückt diesen Würfel Frau Reidt in die Hand. *Damit Sie wieder handlungsfähig werden und nicht ein ums andere Mal den gleichen Vorgang in die Hand nehmen müssen, bitte ich Sie nun, die Entscheidung einfach zu würfeln. Formulieren Sie das Problem einfach so, dass es in einer Ja-Nein-Frage zu beantworten ist.* Claudia Reidt schaut zuerst etwas verwundert, weil eine Entscheidung ihrer Meinung nach doch gut überlegt sein sollte und nicht dem Zufall überlassen werden kann. Severin Hernstein besteht allerdings darauf, dass Frau Reidt die Entscheidung würfelt. Clauda Reidt formuliert daher die Frage: Soll ich das Angebot jetzt rausschicken, ja oder nein? Dann schmeißt sie den Würfel in die Luft und erwürfelt sich ein NEIN.

Da haben Sie Ihre Antwort, Frau Reidt. Warten Sie also noch auf das ausstehende Angebot von Lieferant X. Der Einkauf kann Ihnen sicher eine Information geben, wann mit den Daten zu rechnen ist oder woran es im Moment gerade noch hakt. (Pause) *Wie gut geht es Ihnen jetzt mit dieser Entscheidung, Frau Reidt? Wenn Sie das nächste Mal wieder die Qual der Wahl haben, dann formulieren Sie eine Ja-Nein-Frage und würfeln Sie Ihre Entscheidung, wenn Sie sich nicht vorher schon sicher sind, was zu tun ist.*

Varianten

Sie können alternativ auch einen Flummi springen lassen. Je nachdem, in welcher Raumhälfte er zum Stillstand kommt, ist das Signal JA oder NEIN. Oder lassen Sie Ja-Nein-Lose ziehen, die einen ähnlichen Zufallstreffer auslösen wie der gefallene Würfel.

Manche Menschen fühlen sich in solchen Situationen orientierungslos, weil ihnen die klare Richtung fehlt. Definieren Sie dann die Raumseiten nach Ja-Nein-Ja-Nein entsprechend der vier Wände. Dann soll sich der Mitarbeiter mit geschlossenen Augen um die eigene Achse drehen und nach mehreren Umdrehungen stehen bleiben. Seine Blickrichtung gibt die Antwort vor. Sie können mit dieser Variante dann auch über seine Aussicht oder Perspektive sprechen, die sich durch die Blickrichtung ergibt.

Schließlich können Sie auch das Bild »zwischen zwei Stühlen sitzen« aufgreifen. Stellen Sie dazu zwei Stühle in den Raum. An die Rückseite der Lehne kleben Sie einen Zettel mit Entscheidung A, an die andere Lehne die Entscheidung B. Der Mitarbeiter darf nicht wissen, an welchem Stuhl welche Lösung klebt. Nun bitten Sie ihn, sich für einen Stuhl zu entschieden. Das ist zwar wieder eine Entscheidung, die aber wesentlich intuitiver getroffen wird, weil sie nicht inhaltlich »belastet« ist.

Benötigtes Material & Setting

Material:	Ja-Nein-Würfel
Setting:	Einzelsetting
Vorbereitung:	Würfel kaufen oder basteln

Reflexionsfragen

- Welche Entscheidung schieben Sie schon (zu) lange vor sich her?
- Müssen Sie sich überhaupt entscheiden oder geht eine Kombination von beidem?
- Sind Sie eher Spontan-Entscheider oder Risikovermeider? Mit welcher Konsequenz?
- Was war Ihre beste Entscheidung in den letzten zwölf Monaten?

Was mir als Idee dazu einfällt

2.50 Jetzt kommt Farbe ins Spiel – Den Wert steigern durch einen passenden Rahmen

Ziele & Einsatzmöglichkeiten

Jetzt kommt einer meiner Lieblingsimpacts. Schauen Sie sich mal das Cover von Ihrem Buch an. Was fällt Ihnen bei der bunten Farbmischung ein? Schon eine Impact-Idee?

Farbspiele sind eine tolle Möglichkeit, die inhaltliche, kulturelle und personelle Vielfalt eines Unternehmens abzubilden. Außerdem fördern sie das »Spiel mit den Farben«, wecken Kreativität und können wunderbare Denkanstöße liefern, wenn man sie in einen passenden Rahmen bringt. Dieser Impact nimmt das Farbspiel und diesen Rahmen wörtlich. Ich erkläre ihn aus meiner eigenen Coaching-Praxis, wo ich ihn schon mehrfach sehr erfolgreich im Einzelsetting eingesetzt habe.

Ablauf

Der Einsatz dieses Impacts ist ganz einfach. Er erfordert nur etwas mehr Material, aber es lohnt sich total. Wenn ich mit einer Klientin über die aktuelle Situation spreche, die oft als sehr leidvoll empfunden wird, dann gebe ich die Hausaufgabe, den Status quo als Bild festzuhalten. Die Klientin bekommt dann von mir einen DIN-A4-Malbogen (120-Gramm-Papier) und eine Kollektion Fingerfarben. Aufgabe ist es, einfach dem Impuls zu folgen und die aktuellen inneren Bilder und die Gefühle in dieses Bild einfließen zu lassen.

Wenn die Klientin das Bild in die nächste Stunde mitbringt, höre ich oft Kommentare wie: »Ist mir gar nicht leichtgefallen. Ich kann ja gar nicht malen« etc.

Dann bitte ich um einen Moment Geduld, hole das Bild und verlasse das Zimmer. In einem Nebenraum setze ich das Bild in einen vorbereiteten schönen Holzrahmen und hänge es an eine sonst leere Wand, um Ablenkungen zu vermeiden. Danach hole ich die Klientin ab und führe sie vor das Bild.

Die Reaktionen sind immer wieder beeindruckend. Manchmal fließen Tränen. Manchmal kommt nur ein »Wow«, aber es war bisher immer sehr rührend. Das Bild in diesem Rahmen bekommt eine vollkommen andere Wirkung an der Wand, es wirkt wie ein Kunstwerk! Manchmal hängen die Klientinnen das Bild horizontal statt vertikal oder drehen es einmal auf den Kopf, bis es für sie »stimmig« ist. Wir kommen dann darüber ins Gespräch zum Problem, den Ressourcen und der Lösung. Am Ende schenke ich der Klientin dann Bild und Rahmen. Aus verschiedenen Rückmeldungen weiß ich, dass bereits viele dieser »Kunstwerke« einen besonders prädestinierten Platz im Umfeld der Kundinnen gefunden haben.

Varianten

Sie können das Bild auch vor Ort malen lassen, wenn die Zeit dafür ausreicht. In Workshops ist das eine sehr schöne Gruppenvariante. Dann können Sie die Gemälde sogar noch als Vernissage inszenieren und anschließend mit allen Teilnehmern durch die Ausstellung laufen.

Benötigtes Material & Setting

Material:	Fingerfarben, Malbogen, Bilderrahmen
Setting:	Einzelsetting
Vorbereitung:	keine

Reflexionsfragen

- In welchem neuen Kontext/Rahmen können Sie Ihr Thema betrachten?
- Wenn Ihr »Problem« bereits die Lösung wäre: Wie lautete dann das alte Problem?
- Welches Thema können Sie sich »ein-BILDEN«, um auf neue kreative Ideen zu kommen?

Was mir als Idee dazu einfällt

3 Impact ist mehr »Machen« als Reden

Wenn die Kraft der Worte erschöpft ist, fängt die Arbeit mit Impacts an. »Wir brauchen mehr Impact« lautet die Forderung, wenn die Stimme alleine keine ausreichende Wirkung mehr entfaltet. Stimme ist zwar nach wie vor ein wesentliches Element, um die Stimmung zu beeinflussen. Sie allein ist aber nicht (mehr) die tragende Säule zielgruppengerechter Kommunikation. Wie ich bereits im einleitenden Kapitel »Warum es eben doch auf Technik ankommt« ausgeführt habe, ist die digitale Verschlüsselung von Inhalten durch Sprache (die Codierung in Wörter) oft nicht ausreichend. Womöglich haben Sie selber schon die Erfahrungen gemacht, dass Sie mit Worten allein nicht alle Ihre Mitarbeiter erreichen. Ja, vielleicht sind Sie selbst eher der Seh- und Fühltyp?

Impact (engl. = Wirkung, Auswirkung; einwirken, beeindrucken) bereichert die Worte durch eine Handlungsebene, die neben dem »Verstehen« auch das »Begreifen« und »Erleben« in den Vordergrund stellt. Damit greifen Impact-Techniken sowohl die Erkenntnisse der Lern-/Erlebnispädagogik als auch der Verhaltenstherapie auf. Ganz nach dem Prinzip: Nicht nur reden, machen!

»Erkläre mir, und ich vergesse.
Zeige mir, und ich erinnere.
Lass es mich tun, und ich verstehe.«
(Konfuzius)

Dazu ein Zitat von Dr. Florian Krammer, Diplompädagoge, Lehrstuhl für Pädagogik an der Universität Bamberg: »Erst durch wiederholte Stimulierung und Koppelung der Impulse in sogenannte Assoziationsfelder ist es möglich, Lerninhalte langfristig in den Strukturen der Großhirnrinde zu verankern. Darüber hinaus sind die multisensorische Stimulierung (fühlen, tasten, sehen, hören etc.) und die Vermittlung der Inhalte notwendig. Das für Gedächtnisleistungen zentrale System ist hierbei das sog. »Limbische System« (Krammer 2004): Wir lernen also nur bedingt durch unsere Vernunft, sondern in erheblichem Maße durch die Gefühle, die in uns ausgelöst werden.

Die hohe Wirkung vom Machen nimmt außerdem der amerikanische Psychologe Richard Wiseman in seinem Buch »Machen – nicht denken!« in den Fokus: »Die Vorstellung, dass das Verhalten Emotionen verursacht, legt nahe, dass Menschen in der Lage sein sollten, jedes beliebige erwünschte Gefühl einfach dadurch zu erzeugen, dass sie sich so verhalten, als ob sie dieses Gefühlt erlebten. [...] Wenn du eine bestimmte Eigenschaft haben willst, handle so, als ob du sie schon hättest.«

Bei der Entwicklung meiner Impacts versuche ich, wo immer es geht, den Klienten als Mit-Akteur einzubeziehen. Er soll also nicht nur die Inszenierungen hören, riechen und sehen, sondern »am eigenen Leibe« erfahren durch Schmecken und Fühlen. Ob er einen versalzenen Kaffee trinkt, heiße Finger bekommt, Wassergläser hält oder Säcke durch den Raum schleppt. Er hat eine aktive Rolle in der Dramaturgie des Stücks. Das gelingt mir nicht immer, aber immer öfter. Und noch eine tolle Wirkung haben Impacts: Oft sind sie so eingängig und ausdrucksstark, dass meine Klienten sie früher oder später selber in der Kommunikation einsetzen, weil sie deren Wirkung so beeindruckt.

Trauen Sie sich, mit Impacts zu arbeiten. Legen Sie das Buch zur Seite (wenn Sie am Ende angekommen sind, sonst verpassen Sie noch ein paar interessante Hinweise!) und proben Sie Ihren ersten Impact. Führen Sie mit bleibendem Eindruck.

3.1 Metaphern

Metaphern sind für mich eine wahre Fundgrube bei der Entwicklung von Impacts. Oft habe ich eine schöne Impact-Idee im Kopf, wenn mir eine Metapher begegnet. Das dazu passende Problem suche ich mir dann später. Ich kann Ihnen wirklich nur ans Herz legen, sich nach und nach eine Impact-Ideen-Sammlung anzulegen. Sie werden feststellen, dass es wie ein Vokabelheft ist und Sie schnell vom Grund- zum Aufbauwortschatz kommen. Eine Idee löst die nächste aus, so wie Sie es hier anhand der Varianten erlebt haben.

Metaphern haben eine wichtige Funktion: Sie geben oft abstrakten Sachverhalten ein bekanntes Bild und liefern damit eine erste Orientierungshilfe. Und sie ermöglichen einen Perspektivenwechsel. Die Sprachbilder stehen, beim Wort genommen, für etwas anderes. Daher ist ein Transfer des Bildes auf das aktuelle Thema nötig. Dieser Transfer ist es, der einen neuen, erweiterten Bezugsrahmen ermöglicht:

»Das Leben ist kein Ponyhof« steht als Bild für die Aussage: Das Leben ist nicht immer leicht, es birgt Herausforderungen und stellt uns gelegentlich vor schwierige Aufgaben. Nun liegen in dieser Metapher diverse Ansätze, um mit etwas Kreativität daraus einen Impact zu machen: Die Zügel fest im Griff haben, fest im Sattel sitzen, sich mal wie ein Cowboy fühlen und dabei einen Cowboyhut aufhaben. Sie sehen, sofort lassen sich mit dieser einen Metapher viele Assoziationen herstellen, die auch ganz praktisch im Gespräch einzusetzen sind:

Stellen Sie sich vor, Ihr Mitarbeiter klagt darüber, wie schwer doch das Leben und die Aufgaben sind, die er zu bewältigen hat. Eine seiner Lieblingsaussagen ist dazu: »Das Leben ist kein Ponyhof.« Sie kennen den Spruch inzwischen und sind für die nächste Gelegenheit gut darauf vorbereitet. Sie warten also nur auf seinen Kommentar und reagieren dann entsprechend: »Da habe ich was für Sie!« Sie drücken ihm ein paar Zügel oder einen Sattel (gebastelt oder aus der Spielzeugkiste) in die Hand und betonen: »Stellen Sie sich vor, das Leben IST ein Ponyhof. Sie haben die Zügel in der Hand. Wie würden Sie dann agieren?«

Die metaphorische Ebene der Impacts ermöglicht es, am Bild zu arbeiten (bzw. an der Inszenierung) und dadurch auch heiße Eisen anzufassen. Das »Problem« erfährt eine Umdeutung und ermöglicht einen sehr ressourcen- und lösungsorientierten Zugang.

Für mich ist es außerordentlich hilfreich, sehr genau auf die Sprachbilder zu achten, die mir meine Klienten selber liefern. Wie am Beispiel »Ponyhof« gibt es Aussagen, die typisch für einzelne Mitarbeiter sind. Meine Empfehlung: Nutzen Sie diese Angebote bei der Auswahl oder Entwicklung Ihrer Impacts. Sie bleiben damit im Referenzrahmen Ihres Mitarbeiters und erleichtern seine Anschlussfähigkeit an sein Bild und Ihre Botschaft.

Das Buch »Die große Metaphern-Schatzkiste« von Dr. Holger Lindemann sowie die zugehörige Metaphern-Datenbank des Autors halten eine Fülle von Sprachbildern bereit und sind für mich eine Quelle der Inspiration für die Entwicklung neuer Impacts (htttp://datenbank.metaphern-schatzkiste.de/Webversion/Metaphern-Schatzkiste.html).

In Vergleichen stecken oft hervorragende Ansatzpunkte für Impacts. Die Kunst besteht darin, zwei alltägliche Dinge in einen überraschenden Zusammenhang zu bringen, damit daraus eine neue Erkenntnis gezogen werden kann. Zum Beispiel so:

»Wer keine Werbung macht, um Kosten zu sparen,
könnte auch die Uhr anhalten, um Zeit zu sparen.«
»Politiker sind wie Weinflaschen: Erst wenn man sie gewählt hat,
weiß man, was drin ist.«

Auch Analogien sind eine tolle Möglichkeit, um an Impact-Ideen zu kommen. Ich bin sicher, dass Ihnen immer wieder solche Vergleiche begegnen. Die Werbung selbst bedient sich gerne solcher Vergleiche. Ob »Uhr« oder »Weinflasche«, die Objekte sind beide bestens geeignet für eingängige Inszenierungen mit einer spannenden Geschichte.

3.2 Das Mindset der Führungskraft 4.0

Die Aufgaben moderner Führung haben sich drastisch gewandelt. Früher wurde der »Vorgesetzte« vor-gesetzt, weil er besonders viel Wissen hatte, er war »der Beste« seines Fachs. Insofern war Führung eng mit Wissen verbunden. Das »Mehr-Wissen« als alle anderen diente nicht zuletzt dem Machterhalt. Dadurch entstand Autorität durch Wissensvorsprung.

Inzwischen haben – Gott sei Dank – viele Unternehmer erkannt, dass gebündeltes Wissen alles andere als klug ist. Unternehmer müssen ein eigenes Interesse daran haben, Wissen auf möglichst viele Köpfe zu verteilen. Dadurch vermindern sie die Abhängigkeit von Insiderwissen und bleiben viel flexibler bei der Personalplanung.

Die besondere Herausforderung an die Führung von heute ist die individuelle Begleitung individueller Persönlichkeiten. Jahrzehntelang wurden Individuen nach

»Schema F« bedient. Gleichbehandlung wurde zur Gleichmacherei. Dabei kann ich unterschiedliche Ausgangslagen nicht gleich behandeln. Das erfordert aber eine wesentlich größere Menschenkenntnis und Führungskompetenz als je zuvor. In der Psychologie sprechen die Fachleute von »klientenzentrierter Führung«. Im Unternehmen geht es um die mitarbeiterzentrierte Führung, die an die Ausgangslage der jeweiligen Persönlichkeit anknüpft. Genau das ermöglicht die Arbeit mit Impact-Techniken. Sie knüpfen jeweils an den Referenz- und Erfahrungsrahmen des Mitarbeiters an. Sie nutzen eingängige Sprachbilder, um komplexe Zusammenhänge auf einer metaphorischen Ebene handhabbar zu machen. Führungskräfte stehen vor der Aufgabe, die zunehmende Komplexität zu vereinfachen, ohne sie zu bagatellisieren. Die Flüchtigkeit des Status quo, die sich daraus ergebende Unsicherheit und die vielen Widersprüche, die in der Arbeitswelt auszuhalten sind, erfahren unter anderem durch den Einsatz von Impact-Techniken eine wunderbare Griffigkeit, die bei Mitarbeitern einen Aha-Effekt auslösen können.

Ich hatte zu Anfang des Buches betont, dass es eben auch auf Technik ankommt. Wichtig ist dabei das Wörtchen »auch«, denn Technik ist nicht alles. Wichtig ist die innere Haltung, die Sie Ihrem Mitarbeiter entgegenbringen. Wie denken Sie über ihn? Und wie denken Sie über sich in Ihrer Rolle als Führungskraft?

Das Magazin managerSeminare veröffentlichte in seiner November-Ausgabe 2018 (Nr. 248) unter dem Titel »Wie agil sind Sie?« einen Führungskompetenz-Check zur Überprüfung des agilen Mindsets. Darin wurden sieben Dimensionen ermittelt, die zeitgemäßes Führen charakterisieren:

1. Die Kompetenz, relevante Informationen zusammenzutragen und auszuwerten
2. Entscheidungsstärke
3. Schnelles Handeln
4. Anpassungsfähigkeit
5. Bescheidenheit
6. Disruptives und integrierendes Denken als Teile sozialer Kompetenz
7. Visionäres Denken

Da wird ganz schön viel verlangt von der Führung 4.0. Unterm Strich bedeutet das nicht weniger Führung als früher, sondern eine ganz andere Form der Führung. Viele alte Rezepte haben ausgedien, und was früher durchaus als Führungsschwäche abgetan wurde, wird nun zur Kernkompetenz.

Impact-Techniken allein machen Sie nicht zu einer »guten Führungskraft«. Aber sie bieten Ihnen die Möglichkeit, Ihre Kommunikation um ein wesentliches Detail zu bereichern. Und Führung ist zu hundert Prozent Kommunikation.

Sie sind nun fast am Ende des Buches angelangt. Ich hoffe, Ihnen hat unser gemeinsamer Ausflug durch die Impacts genauso viel Spaß bereitet wie mir. Wenn Sie nicht nur Führungskraft sind, sondern auch »Folgender«, dann wünsche ich Ihnen einen Chef, der ebenfalls mit Impact-Techniken arbeitet. Erleben Sie die Wirkung dieser kurzen Inszenierungen am eigenen Leibe, um die tiefe Wirkung nachempfinden zu können.

Vielleicht erzählen Sie Ihrem Chef oder den Kollegen von Ihren Erfahrungen mit dieser Arbeitsweise – und hoffentlich von vielen Erfolgen.

Ich habe ein Gemälde des Künstlers Yves Klein in meinem Büro hängen mit dem Titel »Blau«. (Nur ein Druck, kein Original, dafür müsste ich mehr Bücher schreiben!) Vielleicht haben Sie Lust, es sich online mal anzuschauen. Oder Sie haben es sogar schon irgendwo gesehen. Wie hängt dieses Bild nun »richtig« an der Wand? Da es sich um abstrakte Kunst handelt, liegt die Antwort im Auge des Betrachters. Es gibt hier kein falsch oder richtig, sondern nur ein »Gefällt mir besser«. Drehen und wenden Sie Ihre Impacts so kunstvoll, dass sich Ihr Mitarbeiter daraus sein »passendes« Bild macht. (Sie merken schon, auch hier wieder ein Impact, ich kann‹s nicht lassen ...)

4 Anhang

4.1 Workshops »Impact-Techniken«

Eigene Impacts zu entwickeln macht riesigen Spaß. Vervielfachen Sie diese Freude durch kreativen Gruppen-Input. In Koblenz und an verschiedenen Standorten in Deutschland biete ich Praxisseminare an, um das Entwickeln eigener Impacts und die Arbeit damit zu erlernen.

In Tageseminaren, die für offene Gruppen oder firmenintern konzipiert sind, stelle ich den Teilnehmern die Arbeitsweise vor und erste kleine Impacts werden entwickelt. In den Zwei- und Drei-Tage-Seminaren erarbeiten wir zusätzlich für konkrete Aufgabenstellungen individuelle Impacts, die Sie sofort in Ihren Arbeitsalltag integrieren können. In diesen mehrtägigen Veranstaltungen lernen Sie die unterschiedlichen Herangehensweisen kennen:

- vom Problem/von der Aufgabe zum Impact
- vom Spruch/von der Metapher zum Impact
- vom Objekt zum Impact

Informationen zu den aktuellen Veranstaltungen finden Sie auf meiner Homepage unter www.horstlempart.de. Für individuelle Anfragen im Rahmen einer Führungskräfteentwicklung (einzeln oder in kleinen Gruppen) oder einer internen Mitarbeiterfortbildung z. B. für beratende Tätigkeiten senden Sie mir ganz einfach Ihre Anfrage an info@horstlempart.de.

Natürlich freue ich mich auch über alle weiteren Anfragen, die im Zusammenhang mit meinen Beratungsangeboten stehen.

Am Ende meiner Seminare und Workshops bitte ich immer um ein kurzes Feedback. Für die etwas stilleren Teilnehmer lege ich zusätzliche Feedback-Bögen aus, die mir wichtige Hinweise auf die Qualität meiner Veranstaltungen liefern.

Ich fände es ganz große Klasse, wenn Sie mir Ihre Meinung über mein Buch auch zurückmelden könnten. Egal ob über das Feedbackformular des Verlags am Ende des Buches, als E-Mail, auf der Homepage Ihres Buchhändlers, bei amazon oder einem der diversen sozialen Netzwerke. Herzlichen Dank dafür!

4.2 Über mich

Wenn ich selber Bücher lese, und dass mache ich ziemlich oft, dann schaue ich mir zuerst das Autorenprofil an: Was ist das für ein Typ, der sich da zu diesem Thema äußert? Vielleicht machen Sie das genauso. Deshalb werde ich Ihnen an dieser Stelle noch ein paar Dinge über mich verraten …

Ich habe Industriekaufmann gelernt und neben meinem Job im Verkauf eines Werbe- und Verpackungsmittelherstellers Betriebswirtschaft studiert. Mit Mitte zwanzig kam ich zum ersten Mal in die Personalverantwortung, was mich total begeisterte. 2002 machte ich meine erste Coaching-Ausbildung, um mich als Führungskraft weiterzuentwickeln. Daraus ergab sich schnell der Wunsch, über die eigene Verantwortungsgrenze hinauszublicken. Ich entschied mich, auch nebenberuflich als Coach zu arbeiten. Drei Jahre später stellte ich bei meinem Chef den Antrag auf Teilzeit: Ich wollte von der Vollzeitstelle auf neunzig Prozent reduzieren. Das wurde genehmigt, aber nur unter der Bedingung, dass ich die Personalverantwortung abgebe. Führung und Teilzeit, das verträgt sich nicht, war damals die Devise meines Arbeitgebers.

Ich habe diese Konsequenz gezogen und mich für weniger Gehalt und den Verzicht auf die Personalführung entschieden. Aber ich konnte tun, was ich unbedingt tun wollte: coachen. Nicht nur nebenberuflich, sondern auch immer mehr im eigenen Unternehmen. So viel, dass wir diese Dienstleistung sogar unseren Kunden anboten.

Leider wurde die Firma dann von einem großen Wettbewerber übernommen. Dort mussten die Maschinen laufen, die Menschen funktionieren. Personalentwicklung war ein überflüssiger Kostenfaktor. Ich hatte mein Wirkungsfeld verloren und auch meine berufliche Heimat. Mit 45 Jahren und 27 Jahren Angestelltendasein stand mein Entschluss fest: Probiere dich in der Selbstständigkeit aus.

Mit dem Tag meiner Entscheidung, als Freiberufler durchzustarten, änderte sich bei mir alles. Ich erlebte mich als Unternehmer, der niemandem mehr die Verantwortung zuschieben konnte. Akquise, Coaching, Buchhaltung, alles wurde in Personalunion erledigt. Und das Beste war: Es klappte. Seit meinem ersten freiberuflichen Tag lebe ich vom Lohn meiner Arbeit. Und der schönste Lohn ist mein Spaß an dem, was ich mache, und der Sinn, den ich darin erkenne. Ich möchte Sie unbedingt dazu animieren, Ihr eigenes Ding zu machen. Es fühlt sich total gut an. Ich arbeite heute als Coach, Supervisor, Speaker und Autor mehr als früher. Auch an Wochenenden und oft bis spät in den Abend. Aber es fühlt sich leichter und erfüllender an. Job und Freizeit sind bei mir entgrenzt, weil ich mir einfach Zeit nehme für das, was mir wichtig ist.

Die Rolle des Persönlichkeitsstörers ist zu meinem Markenzeichen geworden. Über Coaching gibt es so ein Halbwissen in der Bevölkerung. Das wird oft mit Gedanken abgetan wie »wieder so ein Beratungsfuzzie, der es besser weiß als die anderen«. Wenn ich mich aber als Persönlichkeitsstörer vorstelle oder meine Visitenkarte überreiche, dann habe ich die Neugierde der Leute. Was macht denn ein Persönlichkeitsstörer? Dazu ein paar Anmerkungen:

Meine Klienten erhalten von mir viel Aufmerksamkeit, Wertschätzung und eine professionelle Prozessbegleitung. Dabei schätze ich die Persönlichkeitsanteile der Klienten sehr, die sie selbst als störend, unangenehm und problematisch erleben. Auch Zweifler, Nörgler, Arschlöcher, Dummredner, Retter, Opfer, Angsthasen, Stubenhocker (um nur eine ganz kleine Auswahl zu nennen) schätze ich als Persönlichkeiten. Allerdings, und das ist der Unterschied, der den Unterschied macht, begegne ich den Persönlichkeiten neben aller Wertschätzung durchaus auch respektlos und provokativ. Ich störe das Persönlichkeitssystem, es wird »ver-rückt«. Dabei bin ich ausreichend empathisch, um eine belastbare Arbeitsbeziehung herzustellen. Aber auch nicht mehr, denn allzu viel Empathie finde ich persönlich hinderlich. Manche Klienten erleben mich durchaus als Zu-Mutung. Gut so, denn »ent-mutigen« tun andere schon genug. Auch das Erfüllen von Erwartungen zählt nicht zu meinen besonderen Stärken. Wenn mir ein Klient weismachen will, dass er bereits »alles probiert hat, aber nichts wirkt«, frage ich schon mal, ob er mich verarschen möchte. Denn warum sollte er dann noch mit mir zusammenarbeiten, wenn er »alles schon probiert hat?« Das klingt drastisch, ist es auch. »Verrückungen« gehen manchmal leichter, wenn gezielte Tritte in den Allerwertesten für Bewegung sorgen.

Was mich als Coach ausmacht:

- treffsichere Wort-Akrobatik
- wertschätzende »Verrückungen«
- konstruktive Respektlosigkeiten
- liebevolle Zu-Mutungen statt Ent-Mutungen
- aufbauende De-Konstruktionen von Wirklichkeit
- multiple Persönlichkeitsstörungen (es lebt sich so viel leichter!)

In meiner Koblenzer Praxis arbeite ich sowohl mit Einzelklienten als auch mit Paaren. Für meine Kunden bin ich zudem in der ganzen Bundesrepublik, in Österreich und der Schweiz unterwegs. Wenn ich Seminare gebe oder Trainings veranstalte, genieße ich die Arbeit mit Gruppen. Ob im Einzelsetting oder in einem größeren Plenum, besonders spannend finde ich dabei den systemischen und provokativen Ansatz, die Anwendung psychodramatischer Methoden und das Improtheater. Geben wir Ihren Themen, Ihren Problemen und Lösungen eine Bühne, in der Sie die Hauptrolle spielen! Die Laborsituation des Coachings wird lebendig und alltagstauglich.

Besuchen Sie mich doch auf meiner Homepage unter www.horstlempart.de. Ich freue mich sehr darüber, wenn Sie mir von Ihren Erfahrungen und eigenen kreativen Impact-Schöpfungen berichten. Wenn Sie lieber den traditionellen Weg vorziehen, dann schreiben Sie mir einfach. Ich gehöre noch zu den Menschen, die sich über Post im Briefkasten freuen!

Neben meinen regelmäßigen Fortbildungsangeboten zu den Themen »Agile Seminarmethoden designen« und »Impact-Techniken« halte ich weitere Informationen auf meiner Homepage für Sie bereit. Melden Sie sich dort doch einfach für meinen regelmäßigen Newsletter an. Alle paar Wochen erhalten Sie digitale Post von mir mit Denkanstößen und Veranstaltungshinweisen.

Folgen Sie mir gerne auch auf meiner Facebook-Fanseite unter https://www.facebook.com/horstlempartcoaching oder als Follower bei Twitter unter https://twitter.com/HLempart.

Scan me

4.3 Literaturverzeichnis

Beaulieu, Danie (2013): Impact-Techniken für die Psychotherapie. Heidelberg. Carl-Auer Verlag

Bucay, Jorge (2014): Komm, ich erzähl dir eine Geschichte. Frankfurt. Fischer-Verlag

Creutzfeld, Peter (2018): (Selbst-)Führen in der Arbeitswelt 4.0. Frankfurt. FAZ Buch

Fritzsche, Thomas et al. (2014): Die Impact-Strategie. Bern. Verlag Hans Huber

Heß, Hans (2017): Erzählbar I + II. Bonn. ManagerSeminare Verlag

Krammer, Florian (2004): Wir lernen mit dem Körper, in: DIE 4/2004, S. 33-35, https://www.die-bonn.de/doks/krammer0401.pdf, Stand: 02/2019

Lindemann, Holger (2014): Die große Metaphern-Schatzkiste. Göttingen. Vandenhoeck & Ruprecht. Siehe auch unter http://datenbank.metaphern-schatzkiste.de/Webversion/Metaphern-Schatzkiste.html

Mischel, Walter (2014): Der Marshmallow Test. Berlin. Siedler Verlag

Mutius, Bernhard von (2017): Disruptive Thinking. Offenbach. Gabal Verlag

Pyczak, Thomas (2018): Tell me! Wie Sie mit Storytelling überzeugen. Bonn. Rheinwerk-Verlag

Schmidt-Tanger, Martina et al (2004): Milton! Paderborn. Junfermann Verlag

Sprenger, Reinhard K. (2018): Radikal Digital. München. Deutsche Verlagsanstalt

Wiseman, Richard (2014): Machen, nicht denken! Frankfurt. Fischer-Verlag

HAUFE.
Werden Sie uns weiterempfehlen?
www.haufe.de/feedback-buch
Teilnehmen und eReader gewinnen!
Feedback